Kinetics of serum Guanase and Aderosine Deaminase in the course of Acute viral Hepatitis Treatment

Prof. Dr. sami A.AL-Mudhaffar

Dr. Yassin S. AL-Falahi

Part (I)

1. Kinetics of Serum Guanase and Adenosine Deaminase in Aoute Viral Hepatitic Patients.

Summary:

Serum Guanase (G) and Adenosine Deaminase (ADA) Activities were elevated in all cases of acute viral hepatitis (VH) studied, compared with normal controls. Km values for guanine and 8-azaguanine were elevated to 0.018 mM and 0.276 mM respectively in patients with VH, while in normal controls, the values were 0.006 mM and 0.175 mM respectively. Km value for Adenosine was found to be the same in both normal and Acute VH subjects.

The optimum pH for G. and ADA was determined in both normal and VH sera, and the results suggest that histidine is present in the active sites of G. and ADA. Temperature studies of G. and ADA revealed that both obey Arrhenius equation until 55°C, and their activation energies (Ea) were determined in both normal and VH Sera.

Introduction:

Guanase (Guanine aminohydrolase EC.3.5.4.3) occurs mainly in liver, kidney, brain and small intestine[1]. Less or no activity has been found in heart, Lung, Spleen, Pancrease, Skeletal muscle, erythorcytes and Lencocyte[2&3]. Adenosine Deaminase (Adenosine aminohydrolase EC 3.5.4.4) is widely distributed in animal tissues. Conway & Cook[4&5] were first to study the distribution of ADA in various organs of rabbit, normal blood of human and mammals.

Serum G. activity is markedly elevated in VH, but only marginally in obstructive Jaundice and other hepatobiliary diseases[6]. Its determination has therefore been suggested as a means of discriminating between medical and surgical Jaundice[7-9].

Kohler and Benz, in 1962, reported high level of ADA in sera of Cancer patients and also in hepatitis, cirrhosis and infections mononucleosis,[10] and its high value in Liver diseases has been confirmed by Goldberg et al,[11] in 1966, who suggested that serum ADA measurment might aid the differentiation of medical and surgical Jaundice.

Since, high levels usually occur in hepatitis and Cirrhosis, but normal activities are generally found in obstructive Jaundice due to a stone in the Common bile duct.
Raised activities, however, occur in proportion of patients with malignant obstruction. Similar results have been described by Galanti and Giusti,[12] in 1968.
Due to the important role played by these two enzymes in metabolism,[14&13] we were stimmlated to study the Kinetic characteristics of these enzymes in Acute VH, in comparision to normal individuals, to find at whether the changes brought about are of quantitative or qualitative nature; hoping for a better understanding of the mechanism of the transformation in Liver hepatitis process.

Materials and Methods :

1. Chemicals

    The chemicals, Guanine, 8- azaguanine, Na_2HPO_4,
    NaH_2PO_4. $2H_2O$, NaOH, tris-Hydroxymethyl amino methane,
    XOD, HCl, NaOCl and H_2SO_4 were purchased from BDH Co.,
    Adenosine was purchased from Fluka and phenal was
    purchased from Hopkin & Williams Co.

2. Equipments

    Activity measurments and kinetic studies of G.
    and ADA in human serum were carried out using the
    Beckman Acta M IV (uv - visible - near IR research
    speeter photometer).

3. Specimen

    Normal blood samples of different age groups
    from both sexes, were obtained by venipuncture from
    healthy students.
    A total of fourty samples were used both for enzyme
    activity assays and Kinetic measurments. Fifty eight
    blood samples were obtained from untreated patients

with Acute VH who were admitted to the Rashied Army
Hospital. Diagnosis by the specialists in that
Hospital, was based on complete histories, clinical
examinations and Biochemical tests. Blood samples
were usually left at room temperature for about one
hours, The sera were then separated by spinning for
5 - 10 minutes at 3500 r.p.m. at room temperature.
Analysis on normal and pathological sera were always
performed on the same day of sample collection.

4.   Assay Methods.

G. activity in venous serum was determined
spectrophotometerically according to Guisti et al
method,[9] which depend on the reaction of the xanth-
ine produced, with xanthine oxidese (XOD) to produce
uric acid which is measured at 290 nm., and photome-
terically for kinetic studies according to Graham and
Goldberg method[15] which depend on the reaction of
ammonia (produced from hydrolysis of 8-azagnamine
under the effect of G.)with hypchlorite to produce

Indophenal according to Bertheolt reaction that could be measured at 630 nm., while ADA activity was measured photometerically only according to Galanti and Giusiti method[16] which depend also on the reaction of the ammonia produced with Hypochlorite to produce the coloured complex (Indophenal) that could be measured at 628 nm.

5. Kinetic studies of G. & ADA.

A. Determination of optimal Guanine and 8- aza-guanine concentrations for G. from both normal and VH sera at $37^{\circ}C$. Optimum Guanine concentration for Guanase, was determined using different Guanine concentrations 0.02, 0.04, 0.08, 0.09, 0.1, 0.11, 0.12, 0.14 and 0.3 mM (Calculated as the final concentration in the reaction mixture), and 8-azaguanine concentrations (0.35, 0.5, 1.0, 2.0, 2.5, 3.0, 3.35, 3.5, 3.75 & 4.0 mM, calculated as the final concentrations in the reaction mixture) and applying the methods of guist[9] and Graham[15] <u>et al.</u> respectively.

B. Determination of optimal Adenosine concentration for ADA from both normal and VH sera at 37°C. Optimum adenosine concentration for ADA was determined using different Adenosine concentrations (0.5, 2.5, 5, 10, 12.5, 15, 17.5, 20, 22.5 and 25 mM, clculated as the final concentrations in reaction mixture) and applying the method of Galanti and Giust[16].

C. PH effect on G. and ADA activity.

In this experiment, different pH values ranging between 7.2 - 9.0 and 5.7 - 8.2 for Tris and phosphat Buffers respectively were used for G., at optimum substrate concentration of Guanine and 8-azaguanine respectively. While for ADA, different PH values ranging between 5.7 - 8.2 were used, at optimum Adenosine concentration.

D. Effect of temperature on G. and ADA activities. Using optimum 8-azaguanine and Adenosine concentration for G. and ADA respectively, the effect of different temperatures ranging between 10°C - 80°C were studied.

Results:

Table (1) shows the results of the general activity of G. and ADA in both pathological and normal sera. Guanase level was elevated in 95.23% of the VH cases, while ADA increased in all of them.

The optimal substrate concentrations for both G. and ADA in normal and pathological sera were : 0.1 mM for Guanine and 3.5 mM for 8-azaguanine for G. and 20 mM for Adenosine for ADA.

The Michaelis constant (Km) values were obtained graphically using Lineweaver-Burk[17] and direct linear plot[18]. The values are presented in Tables (2 & 3), showing a marked increase in Km values for both Guanine (Fig 1 & 2) and 8-azagnanine (Fig 5 & 6) in VH, while those for Adenosine (Fig 9 & 10) were very close in both types of Sera.

Fig (13 & 14) shows that the optimum PH values for G. are 8 & 6.3 For Guanine & 8-azaguanine respectively for both normal and pathological sera. While that for ADA (Fig 17) was 6.5.

Figs (15, 16, 18 and 19) presenting plots of $_p$Km.
vs.PH, could be used to find PK values of both G. and ADA
in both types of Sera.

The optimum temperature for G. was found to be 55^oC
in VH Sera, while for ADA was 65^oC and 55^oC in both
normal and VH Sera respectively as shown in figures (20,22).

The relation between Log Vmax and $\frac{1}{T}$, as shown in Fig
(21, 23) for G. and ADA respectively, follows Arrhinius plot
up to 55^oC for both enzymes.

Table (4) presents the activation energies and Q 10 of
both G. and ADA, Q 10 values were 1.56 for G. in
VH Sera, 1.62 for ADA in normal sera and 1.81 for ADA in
VH Sera, thereby confirming the statement that, Q 10 value
for enzymatic reactions ranges between 1 & 2[19].

Discussion:

In the present studies on 58 patients with acute VH Serum G. and ADA activities increased (5-20) & (2-5) times respectivly as compared to the range of G. and ADA in normal controls. These findings suggest that G. & ADA are specific for primary hepatocellular injury and they are a sensitive index of liver damage. Other workers has reported that Serum G. and ADA, from the important liver function test and might aid the differentiation of medical and surgical Jaundice.[7-9][11 & 12][20]

The optimum substrate concentrations obtained in the present studies are similar to those reported by Giuist[9] for Guanine and by Galanti & Guist[16] for Adenosine while they are slightly higher from those reported by Graham and Goldberg[15] for 8-azaguanine.

Comparison of Km values obtained for the substrate, of G. & ADA in normal and Acute VH Sera suggest that the increase in Km values of Guanine and 8-azaguanine in VH is due to differences in Isoenzyme distribution pattern in Serum, which indicate that the affinity of G. for Guanine and

8-azaguanise in VH Sera is less than the affinity in normal Sera.

The plots of pkm Versus pH indicates the pk values of the ES complex (fig 15, 16, 18 & 19), while the differance in pk values indicate the presence of different enviroment in the Vicinity of the group undergoing Ionization.

Table (1)

Serum G. & ADA activity in untreated Acute VH patients
and normal controls activity measurments were preformed at
37°C. Guanine & Adenosine concentrations were 0.1 mM, 20 mM,
respectively in Tris, buffer PH 8 for G. and in phosphate
buffer PH 6.5 for ADA. Values presented in the table are $\pm$
standard deviation.

Enzyme	Serum Speci-men	No. of cases	Age Group years	Activity (I.N./L.)		Guanuse ADA
				Activity range	mean Activity	
Guanase	Normal	40	8-45	0 - 3.8	2.27 ± 1.15	0-0.23
	Acute VH	42	18-42	4.8 - 85	42.25 ± 16.11	0.37-0.86
Adeno-sine deami-ase	Normal	38	8-45	11.2-22.5	16.88 ± 3.01	0-0.23
	Acute VH	36	18-42	55.2-102	73.09 ± 11.53	0.37-0.86

Table (2) Determination of Km values for guanine & 8-azaguanine

for G. in normal and untreated acute VH indivduals.

The reactions was carried out in 0.1 M Tris Buffer

PH 8.0 and 0.1 M phosphate Buffer ᴾH 6.3 respectively at

37°C. Values presented in the table are ± standard devia-

tion.

Specimen	Km (mM)			
	Guanine		8-azaguanine	
	Method of Ploting		Method of Ploting	
	$\frac{1}{v}$ Vs. $\frac{1}{s}$	Direct linear Plot	$\frac{1}{v}$ Vs. $\frac{1}{s}$	Direct linear Plot.
Normal	0.0062±0.00056	0.006± 0.00035	0.1849± 0.01756	0.175±0.0096
Acute VH	0.0189±0. 0015	0.018±0.001	0.29±0.0237	0.276±0.0118

Table (3)

Determination of Km values for Adenosine for ADA in normal and untreated acute VH indivduals. The reaction was carried out in 0.05 M phosphate Buffer pH 6.5 at 37°C. Values presented in the table are ± standard deviation.

Specimen	K m (Adenosine) m M	
	Method of Ploting	
	$\frac{1}{v}$ Vs. $\frac{1}{s}$	Direct linear Plot
Normal	1.525 ± 0.1388	1.45 ± 0.094
Acute VH	1.719 ± 0.1375	1.63 ± 0.114

Table (4)

Activation energy (Ea) and Q 10 values for Serum G.

and ADA.

Ea is determined as the Slope of the line in the LogVmax

Vs. $\frac{1}{T}$-Plot. Q 10 is calculated as follows :

$$Ea = \frac{2.3 \ R \ T_2 \ T_1 \ \log Q \ 10}{10}$$

Enzyme	Specimen	Ea (cal.)	Q 10
G.	VH Serum	7459 ± 895	1.56
ADA	Normal Serum	8084 ± 560	1.62
ADA	VH Serum	9861 ± 932	1.81

References:

1. Bergneyer, H. U., (1974) in Methods of Enzymatic Analysis, vol.II, 2nd ed., P.1086, Academic Press, New York and London.

2. Wakabayasi, Y. (1963) J. biol.chem. 28, 185.

3. Levine, R., Hall, T. C. and Harris, C. A. (1963) Cancer 16, 269.

4. Conway, E. L. & Cooke, R. (1939) Biochem. J. 33, 457

5. Conway, E. L. & Cooke, R. (1939) Biochem. J. 33, 479

6. Wilkinson, J. H. (1976) in the principles and practice of Diagnostic Enzymology, P.165 Arnold, London.

7. Whitehouse, J. L., Knights, E. M., Santos, C. L. & Hue, A. C. (1964) Clin. Chem. 10, 632.

8. Coodley, E. L. (1968) Amer. J. Gastroenterol. 50, 55.

9. Giusti, G., Galanti, B. & Mancini, A. (1970) Enzymologia 38, 373.

10. Kohler, H. & Benz, E. J. (1962) Clin. Chem. 8, 133.

11. Goldberg, D. M., Fletcher, M. J. and Watts, C. (1966) Clin. Chim. Acta, 14, 720

12. Galati, B. & Giusti, G. (1968) Minerva Med., 59, 5867

13. Bell, G. H., Davidson, J. N. & Smith, D. E. (1972) In
    Text Book of Physiology and Biochemistry, 8th ed.,
    P. 352, Churchill Livingstone.

14. White, A., Handler, P. & Smith, E. L. (1973) In Principles
    of Biochemistry, 5th ed., P.715, McGraw-Hill Book
    Company.

15. Graham, W. E. & Goldbefg, D. M. (1972) Clin.Chim. Acta,
    37, 47.

16. Galanti, B. & Giusiti, G. (1966) Boll.Soc.ital.sper.
    42, 1316.

17. Lineweaver, H. and Burk, D. (1934) J. Am.Chem. Soc.
    56, 658.

18. Cornish - Bowden, A. and Eisenthal, R. (1974) Biochem.
    J. 139, 721.

19. Dawes, E. A. (1964) in "comprehenesive Biochemistry"
    (Florkin, M., And stotz, E.H.) vol. 12, P.104.
    Elsevier, Amsterdam.

20. Goldberg, D. M., Margaret, J. F. and Watts, S. (1966)
    Clin.Chim. Acta, 14, 720

2. Kinetics of Serum Guanase and Adenosine
   Deaminuse in the Course of Acute Viral
   Hepatitis treatment.

Summary:

Guanase (G.) and Adenosine Deaminase (ADA) activities
in the Serum of viral hepatitis (VH) patients were deter-
mined and the influence of prednisolone (prd.) therapy on
these enzymes activities was studied. High levels of G.
and ADA activities at the begining of VH decreased gradu-
ally in the Course of the disease.

Correlation Ratio of G./ADA Activities were different
in a group of patients treated with prd. compared with a
control group.

Km values, PK values and the effect of PH and tempera-
ture on activities of G. & ADA were studied in the Course
of treatment.

Introduction:

Since the enzyme G. is practically absent from muscle tissue and from white and red blood cells but abundantly present in the liver, a side from Kidney and brain,[1] it was Felt that determination of this enzyme in blood might provide more specific diagnostic information in hepatic lesions than the transaminases and other tissue enzymes contained in the circulating plasma.[2] While the Diagnostic information gained From Serum ADA estimation seemed to be of equivalent value to the ratio SGOT/SGPT, and both probably represent the most useful enzymological tests currently available in the differential diagnosis of liver diseases.[3]

There is no specific therapy for acute infective hepatitis, the theraputic value of corticosteroids and corticotrophin is still uncertain,[4 & 5] and the mechanism of their influence in liver diseases is not sufficiently clear.[5]

Prd. was evaluated in VH enzymologically in the present study-through the G. & ADA activities and Kinetics in the course of the disease, during treatment with prd., in comparison with a control group.

MATERIALS AND METHODS

Blood samples were obtained From Rashied Army Hospital, throughout the duration of Clinical treatment of 58 patients, 18 - 42 years old suffering From VH, thirty eight patients were treated with prd. tablet for 25 - 30 days, starting with doses of 50 mg/day. Followed by diminishing doses. Fourteen patients did not receive prd. (control group). The mean duration of Jaundice at the time of admission to the hospital 1 - 2 days, in both groups.

G. and ADA Kinetic measurments were conducted with Beckman Acta M IV (u.v. visible-near IR research spectrophotometer. The methods used were based on these originally introduced by Guist et. al.[6] Graham & Goldberg[7] and Galanti & Guisti[8], for G. & ADA. The methods had to be modified to be suitable for use.

The activity and general Kinetic parameters of G. and ADA, which were investigated in patients with VH at intervals of 7 days for 28 - 32 days. These included Km determination as well as the effect of temperature and PH on the Kinetics of the reaction.

Results:

The results of the determination of G. & ADA activities
in the course of VH are presented in Fig (26 & 27). For
patients treated with prd. and control patients respecti-
vely. At the beginning of hospital observation (First deter-
mination), G. & ADA activities were distinctly elevated above
normal. Later on, as the symptoms of the disease subsided
(2nd & 3rd determination), G. & ADA activities dropped. In
(3rd determination) G. showed a slight renewed rise (Fig 26,
27). Toward the end of the hospital observations (4th and
5th determination), Guanase and ADA were still statistically
higher than normal values. Fig (28) depict that SGPT, AP &
Bilirabin level, in the groups of patients treated with prd.
G. & ADA activity dropped more quickly in the first days of
treatment with prd. than in the control groups, but reached
the normal level in the same time for treated and untreated
patients. Fig (29) depict the effect of treatment with prd.
on the G./ADA activities in the course of VH in comparison
with a control group. Fig (30 - 32) depict the variation
in the Km values of Guanase & ADA substrates under the

influnce of prd. in comparison with a control group. Fig. (33 - 38) shows the effect of PH & temperature on the G. & ADA activities, under the influence of prd. in the course of VH.

D I S C U S S I O N

Serum G. & ADA activities in the course of VH are very sensitive Indicators of the return of the hepatic paranchyma to health, when compared with Serum GPT, AP & Bilirubin levels.

The G. & ADA did not return to normal level more quickly in the group treated with prd. (Fig 26 & 27). It may be concluded that prd. does not exert a favorable effect on the Functional state of hepatocytes as evaluted by serum enzymatic spectrum studied.

The variation in the Kinetics of serum G. & ADA in the course of VH, may be due to the individual differences in the isoenzymes of serum G. & ADA during treatment, this conclusion is in agreement with the opinion of Henryk Drozdz,[9] who in 1969, evaluted corticothorapy of VH in the light of enzymologic studies of serum lencyl and oystinyl-aminopeptidase Activity.

Referenoes:

1. Coodley, E. L. (1968) Amer. J. Gastroent, 50, 55.

2. Mandel, E. E., Macalincog, L. R. (1970) Amer. J. Gastroenterol., 54, 253

3. Goldberg, D.M., Margaret, J. F. and Watts, S. (1966) Clin.Chim. Acta, 14, 720.

4. Davidson, S. S. (1969) in the principle and practice of Medicine, 19th ed. P.1010 , E. & S. Living stone Ltd. Edingburgh & London.

5. Harisson, T. R., Wintrope, M. M., Thorn, G. W.,Adems, R. D., Braunwald, E., Isselbacher, K. J., Peterstorf, R. G. (1974). In principles of Internal Medicines 7th ed. P.1528, McGraw-Hill Kogakusha, Ltd.

6. Giusti, G., Galanti, B. & Mancini, A. (1970) Enzymologia 38, 373.

7. Graham, W. E. & Goldberg, D.M. (1972). Clin.Chim. Acta, 37, 47

8. Galanti, B. & Giusiti, G. (1966). Boll.Soc.Ital. Sper. 42, 1316

9. Drozdz, H. (1969). Acta Med.Pol. 2, 219.

(3) Separation of Isoenzymes of Guanase and Adenosine Deaminase From blood Sera of Acute Viral Hepatitic Patients.

Summary:

A simple chromatographic method with sephadex G-200, was used for fractionation and separation of Guanase (G.) and Adenosine Deaminase (ADA) isoenzymes from normal and Acute Viral Hepatitis (VH) sera.

Normal human serum contained one isoenzyme for G. (I) and two isoenzymes for ADA (I, III) while in VH, two G. isoenzymes (I, III), and three ADA isoenzymes (I, II, III) was achieveds serum G. and ADA Isoenzymes activities were studied in the Course of VH under Influence of prednisolone(prd.)therapy.

Introduction:

G. occurs in two distinct forms in rat brain and liver separable by DEAE-cellulose chromatography. The A. isoenzyme shows asigmoidal response to Increasing guanine concentration and is thus an allosteric enzyme, while the B Isoenzyme exhibits typical Michealis-menton Kinetics [1 & 2] Multienzyme patterns of ADA were first detected by Brady and Coll [3,4], using electrophoresis of purified ADA from calf intestinal mucosa, and later by Cory et al [5] with purified calf serum ADA. Spencer et al [6] have reported multiple forms of ADA from human red blood cells.

The use of DEAE cellulose columns suggested that multiple forms of ADA are present in human tissues[7]. Agar gel electrophoresis of human serum ADA resulted in the separation into three major and two minor enzymatically active compounds [8]. Recently Martin et al [9], in 1976, have reported that ADA exists in multiple molecular forms in human tissues (liver, spleen, Duodenum, Stomach and Appendix). One form of the enzyme appears to be particulate while the other three forms are soluble and interconvertible with apparent molecular weight of approximately 36000, 114000 and 298000 (designated small, intermediate and large respectively).

Materials and Methods:

2-mercaptoethanol was purchased from Hopkins and Williams Co. and Sephadex G 200 was obtained from Pharmacia (Fine Chemicals)/Sweden.

A column chromatographic technique was employed for the separation and fractionation of serum G. and ADA isoenzymes.

2-2.5 gm of sephadex G 200 was suspended in 0.03 M phosphate buffer (pH 6.1) for 24 hour's, and the Buffer was changed 3 times.

The slurry was then packed into a column (2 x 40 cm) at room temperature, to give a final height of the settled suspension of 25-30 cm, and then repeatedly washed with 0.03 M phosphate Buffer (pH 6.1), Human normal as VH. serum (5 ml) was applied to the column, eluation is performed with phosphate Buffer (0.03 M) pH 6.1.

The eluate was collected in 3 ml fractions with flow rate of 1 ml/min. and the G. and ADA activities were determined colorimeterically by Bertholet reaction [10,11].

The protein was calculated for each fraction according to Kalckar method [12] by measuring the absorbancies at 280 and 260 nm using the equation:-

$$\text{Protein concentration (mg./ml)} = 1.55\ D_{280} - 0.76\ D_{260}$$

G. and ADA Isoenzymes fractionation is carried out as well by microzonal electrophoresis, requiring

barbitol buffer solution (pH 8.6) of 0.095 Ionic
strength, according to the method described by
Gebbott [13]. Protein in cellulose acetate paper
was stained using the relative concentrations of the
component in the fixative-dye solution which are:
0.2% by weight porceau-s- stain, 3.0% by weight TCA
and 3.0% by weight sulfosalicylic acid, and then
rinsed in 5% acetic acid, and followed by Alcohol
rinse, the membranes were scanned at 520 I/onm and
the distance of migration was measured

Results:

Fig. (24) shows that one G. Isoenzyme and two
ADA Isoenzymes were resolved when normal human serum
was chromatographed on sephadex G 200. The peaks were
designated G. Isoenzyme I and ADA Isoenzyme I and III.

The separation of G. and ADA Isoenzymes of VH
patient sera on sephadex G 200, yielded two distinct
Isoenzymes for G. (I and II) and three isoenzymes for
ADA (I, II, III), (of. Fig. 25).

Fig. (39 and 40) present the G. and ADA Isoenzymes
Activities in the course of VH. under the Influence of pred.
and Fig. (24: A and B) show the migration of Isoenzymes
compared with that of serum protein components, in
normal serum and Fig. (25: A and B and C) indicate the

same manner for VH. patients sera.

Discussion:

Normal human serum was subjected to gel filteration with sephadex G 200 which acts as a moleoular seive[14], two peaks of ADA activity and one peak for G. activity distinctly separated from each other were observed in Fig. (24), while 3 peaks for ADA and 2 peaks for G. activities in VH patient sera was obtained as reaveled by Fig. (25) suggesting the existence of more than one molecular species of the G. and ADA, different in molecular size, which may be due to their different origins.

G. Isoenzyme I and ADA Isoenzyme I in normal human serum migrate to approximately the same position as serum α_2, β and γ globulins, while ADA Isoenzyme III moved at the rate of serum albumin, α_1 and β globulins.In VH sera, the G. Isoenzyme I and ADA Isoenzyme I migrate to approximately the same position as serum albumine, α_2 and γ globulins, ADA Isoenzyme II which was regarded as specific for VH moved at the rate of serum albumine α_2, β and γ globuline, while G. Isoenzyme II and ADA Isoenzyme III moved at the rate of serum albumine only. This study indicates the gradual difference between the molecular weight of these Isoenzymes.

G. Isoenzyme II and ADA Isoenzyme, II are suggested to be of diagnostic value in liver disease, and ADA Isoenzyme II could be regarded as a sensitive Indicator in the following of VH course.

References:

1. Kumar, K. S. and Krishnan, P. S. (1970). Biochem. Biophys. Res. Comm., 39, 1087.

2. Sitaramayya, A. and Krishnan, P.S. (1970). Biochem. Biophys. Res. Comm., 40, 565.

3. Brady, T. G. and O'connel, W. (1962). Biochim. Biophys. Acta. 62, 216.

4. Brady, T. G. and Donovan, G. I. (1965). Comp. Biochem. Physiol. 14, 101.

5. Cory, T., G., Weinbaum, G. and Suhadolmk, R. J. (1967). Arch Biochem. 118, 428.

6. Spencer, N., Hopkinsin, D. A. and Harris, H. (1968). Ann. Human Genetics, 32, 9.

7. Nishihara, H., Matsushita, H. and Hattor, S. (1966). Ann. Repl. Center Adult Diseases, 6, 1.

8. Nishihara, H., Akedo, H., Okada, H. and Hattori, S. (1970). Clin. Chim. Acta, 30, 251.

9. Martin, B. W. and Kelley, W. N. (1976). J. Biol.
    Chem. 251, 5448.

10. Ellis, G. and Goldberg, D. M. (1972). Clin. Chim.
    Acta 37, 47.

11. Galanti, B. and Giusiti, G. (1966). Boll. Soc.
    ital biol. sper. 42, 1316.

12. Kalckar, H. M., (1947). J. Biol. Chem. 167, 461.

13. Gebott, M. D. (1973). In Microzone electrophoresis
    manual, Beckman Instruments, California.

14. Akedo, H. et al., (1972). Biochim. Biophys. Acta
    276, 257.

Part (II)

Introduction

١ ـ تمهيد : أمراض الكبد (1)

الكبد اكبر الاعضاء في جسم الانسان ، يزن بحدود ٢٠٠٠ غرام ، يؤلف ٢٪ من وزن جسم الانسان الطبيعي البالغ ، يشغل ٥٠٪ من مساحة البطن ويستقبل حوالي ١٥٠٠ سم٣ من الدم في الدقيقة الواحدة ، ويلعب من الوظائف مالايحصى بالضبط : كتدمير خلايا الدم الحمراء ، انتاج البلازما والعناصر الخالقة للجلطات الدموية ، اختزان المواد السكرية في شكل الكلايكوجين وكمية من الشحم والبروتين ، تحويل الشحوم والبروتينات الى السكريات ، انتاج أملاح صفراوية تساعد في الهضم وامتصاص الشحوم ، اختزان الفيتامينات وتعديل العقاقير والسموم العديدة ، كل هذه الوظائف في الخلايا المتنوعة للكبد تعطي دلائل حدوث أمراض متنوعة ومرتبطة بكل مجموعة من الخلايا ونوع العمل الذى تقوم به وقد صنفت هذه الأمراض استنادا الى مكان الاصابة وطبيعته وحسب مايلي : ـ

تصنيف أمراض الكبد (1-2)

أ ـ الأمراض المؤثرة على الخلايا المتينة

١ ـ التهاب الكبد

أ ـ التهاب الكبد الحاد

١ ـ التهاب الكبد الفيروسي الحاد نوع أ

٢ ــ التهاب الكبد الفيروسي الحاد نوع ب

٣ ــ التهاب الكبد المقرون مع التهاب فيروسي بدني مثل داء الحمى الصفراء وداء وحيدات النواة الخمجي ٠

٤ ــ التهاب الكبد الكحولي

٥ ــ التهاب الكبد المسبب بالادوية

٦ ــ التهاب الكبد المسبب بالمواد الكيمياوية

ب ــ التهاب الكبد المزمن

١ ــ التهاب الكبد المزمن الفعال

٢ ــ التهاب الكبد المزمن المستمر غير الفعال

٢ ــ تشمع الكبد

أ ــ تشمع الكبد البابي

ب ــ تشمع الكبد مابعد التنخر

ج ــ تشمع الكبد الصفراوي

١ ــ تشمع الكبد الصفراوي الاولي

٢ ــ تشمع الكبد الصفراوي الثانوي

د ــ الصباغ الدموي المؤدي الى تشمع الكبد

هـ ــ مرض وليسن وبعض الحالات الاخرى النادرة التي تؤدي الى تشمع الكبد ٠

٣ ــ أمراض الكبد الارتشاحية

أ ــ أمراض خزن الكلايكوجين

ب ـ أمراض أرتشاح الدهون

ج ـ الداء النشواني

د ـ سرطان الدم والأورام اللمفاوية

هـ ـ الأورام الجيبية : مثل تدرن الكبد وداء اللحمانية

٤ ـ الاضطرابات الوظيفية المصحوبة بيرقان

أ ـ متلازمة كلبرت

ب ـ متلازمة كركلر ونجار

ج ـ متلازمة دوبن جونسون ومتلازمة روتر

د ـ ركود صفراوي اثناء الحمل والركود الصفراوي المتكرر

٥ ـ الأمراض الشاغلة لجزء من نسيج الكبد

أ ـ خراج الكبد (الجرثومي والأميبي والفطري)

ب ـ أورام الكبد (الأولية والثانوية)

ج ـ الأكياس الكبدية (الاكياس المائية واكياس الكبد الولادية)

د ـ السفلس الثلاثي (آفة كاما)

ب ـ الامراض الكبدية الصفراوية

١ ـ الانسدادات اليرقانية داخل الكبد

أ ـ تحصي القنواة الصفراوية داخل الكبد

ب ـ التشمع الصفراوي

جـ ـ التهـاب القنـوات الصفراويـة الصاعـد

د ـ الركود الصفراوى نتيجـة استعمال بعض الأدوية الحاويـة على الاستروجيـن (كحبوب منـع الحمـل) ٠

٢ـ الانسـدادات اليرقانية خارج الكبـد

أ ـ تحصّي قناة الصفراء

ب ـ تضيقات قناة الصفراء

جـ ـ اورام قناة الصفراء واورام البنكرياس والاورام الضاغطة على قناة الصـفراء

د ـ التهاب القنوات الصفراويـة الصاعـد ٠

جـ ـ اضطرابات دورانيـة

١ ـ احتقان منفصل من عجز القلب والتشمع القلبي

٢ ـ خثـار الوريد الكبدى

٣ ـ خثـار الوريد البابي الكبدى

٤ ـ اضطرابات الشريان الكبدى

٥ ـ اضطرابات نتيجة تشوهات خلقية في الشرايين والاوردة ٠

٢ ـ مرض التهاب الكبد الفيروسي الحاد (1-5)

التهاب الكبد الفيروسي الحاد مرض معد منتشر يصيب الكبد تسببه نوعين من الفيروسات على الاقل ، يحدث بشكلين متميزين مناعيا ووبائيا ويتشابهان سريريا وهما التهاب الكبد أ والتهاب الكبد ب ويطلق على النوع أ بالتهاب الكبد الخمجي ، ذو فترة الحضانة القصيرة والتهاب الكبد MS-1 ويطلق على النوع ب بالتهاب الكبد المصلي ، ذو فترة الحضانة الاطول ، التهاب الكبد MS-2 ، التهاب الكبد المستضد ب ، والتهاب الكبد المصحوب بالمستضد الاسترالي .

ان كلا النوعين من التهاب الكبد الحاد تتصف مرضيا بتنخر الخلايا الكبدية والتهابها مما يؤدي الى تشابه الملامح السريرية المتكونة في مراحل ماقبل ظهور اليرقان ومرحلة ظهور اليرقان ومرحلة النقاهة .

أ ـ أسباب المرض (1-3)

يسبب هذا المرض نوعان من الفيروسات على الاقل ولم يتم عزلهما بصورة تامة واتضح حديثا ان فيروسات كلا النوعين يمكنهما ان تصيب الانسان عن طريق الفم والحقن ويمكن التفرقة بينهما بوجود المستضاد ب في حالة التهاب الكبد ب والفرق الثاني هو مدة الحضانة ، فيما تظهر في

الاول مابين ١٥ ـ ٥٠ يوما وتظهر في الثاني مابين ٥٠ ـ ٨٠ يوما وتم التوصل الى أن فيروسات كلا النوعين تقاوم الانجماد ولاتتحطم بالحرارة في درجة ٥٦°م ولمدة ½ ساعة ويمكن ابطال فعالية فيروسات التهاب الكبد ب عند تعريضها الى ٦٠°م ولمدة ١٠ ساعات وكذا الحال بالنسبة للنوع أ . (1-3)

وتقاوم فيروسات كلا النوعين الايثر ، أما فيروس التهاب الكبد أ فيقاوم الكلورين (تركيز ١٠⁻⁶) ويبقى مؤثرا بعد التعرض . ولقد أمكن تحديد وجود النوع ب من التهاب الكبد من خلال طرق الانتشار المناعي ، الهجرة المناعية التناضحية ، كبت التلازن الدموي والالصاق المناعية الاشعاعية . (6-8)

واكدت الدراسات المصلية وجود مستضادات في دم المرضى المصابين بالتهاب الكبد ب وسميت مستضادات ب أو (HB-Ag) وتمكن العثور عليها في فترة الحضانة وبداية حدة المرض وتختفي عادة خلال ٢ ـ ٣ أسبوع وتعتبر دلالة اكيدة على حدوث النوع ب من التهاب الكبد (9) ، أما بخصوص النوع أ من التهاب الكبد فلا توجد أي فحوصات مناعية أو مصلية تشير الى امكانية العثور على الفيروس أو مستضاداته . (1)

ب ـ الطبيعة الوبائية للمرض (1-3)

ان فترة حضانة النوع أ من التهاب الكبد الفيروسي تتراوح بين

١٥ ـ ٥٠ يوما بغض النظر عن طريقة دخول الفيروسات للجسم أما النوع ب فتراوح فترة حضانته ٥٠ ـ ٨٠ يوما وتزداد عندما يكون ورود الاصابة بهذا النوع عن طريق الفم • وتستغرق حالة حمية الدم (دوران الفيروس بالدم) خلال فترة الحضانة وبداية المرحلة الحادة في كلا النوعين من ٢ ـ ٣ أسبوع قبل ظهور اليرقان في التهاب الكبد أ وثلاثة أشهر في النوع ب من التهاب الكبد •

قد تحدث مناعة ضد المرض بعد الشفاء في كلا النوعين من التهاب الكبد أ و ب ومن المحتمل أن تتكرر الاصابة ثانية بفيروسات تختلف في نوعية مستضاداتها ، ولقد وجد كذلك ان التهاب الكبد أ يصيب صغار السن والشباب في مقتبل العمر أما التهاب الكبد ب فيصيب الانسان في أى سن من سني حياته • وترتفع نسبة الاصابة بالتهاب الكبد نوع أ في أواخر الخريف وفي الشتاء وتصل الزيادة ذروتها في الشتاء وتنخفض النسبة في أواخر الربيع والصيف •

جـ ـ العدوى (3-1)

هنالك عدة طرق تنتقل العدوى بها من شخص مريض الى شخص سليم منها : ـ

١ ـ الغائط : ويؤلف العدوى الأساسية للاصابة بالتهاب الكبد أ واحتمال الاصابة بالنوع ب ، وكان يعتقد ان التهاب

الكبد الفيروس أ ينتقل بواسطة تلوث الأطعمة ببراز المريض فقط ، وقد وجد أنه من الممكن أن يصاب المريض عن هذا الطريق بالنوع ب من التهاب الكبد أيضا .

٢ ـ الزرق : ويمثل العدوى الرئيسية لانتقال الاصابة بالنوع ب من التهاب الكبد وكذلك يعتبر طريق عدوى مهم للاصابة بالنوع أ منه ويفضل استعمال الحقن البلاستيكية والاجهزة لمرة واحدة حيث يقلل من هذه الاصابات بالعدوى .

٣ ـ نقل الدم : طريقة مهمة لانتشار المرض بكلا نوعيه وبصورة خاصة النوع ب ، كما ان تناول كمية صغيرة جدا من الدم عن طريق الفم يؤدي الى حدوث الاصابة وخاصة النوع ب وينتقل المرض كذلك بواسطة حقن السليم بدم مريض ، لذا كانت أهمية عدم أخذ دم متبرع أصيب بالتهاب الكبد .

٤ ـ الاغذية والمشروبات الملوثة طريقة مهمة لانتشار وباء التهاب الكبد أ وغير ممكنة في ب من التهاب الكبد الفيروسي ، بتلوث طعام السليم بالفيروسات التي تخرج من المصاب (ماء ، لبن ملوث) .

٥ — ان الاختلاطات المتلازمة جدا قد تؤدي الى انتقال النوع ب من الالتهاب الكبدي اكثر من النوع أ مثال : استعمال حاجيات المصاب كفرش الاسنان بسبب وجود الفيروس في فم ولعوم المصاب ، لذا كان من الواجب أخذ الحذر وعدم استعمال هذه الأدوات الا بعد وضعها في ماء مغلي ليطهرها •

٦ — انتقال النوع ب عن طريق التنفس والمفصليات والحشرات كالبعوض أو ملامسة الحيوانات المعرضة للمرض كالقردة •

د — المسح الوبائي للمرض في العراق(10-11)

ان عملية المسح الوبائي لمرض التهاب الكبد الفيروسي في العراق بدأت منذ عام ١٩٥٦ م حيث سجلت ٢٦١ حالة آنذاك واستمرت الزيادة في عدد الحالات المسجلة حيث بلغت ذروتها في عام ١٩٧٤ عندما سجلت ١٦٥٠ حالة في عموم القطر • حيث بدأ عدد الاصابات بالتهاب الكبد الفيروسي المشخصة بالازدياد بشكل مضاعف في الخمس سنوات الاخيرة • وندرج أدناه نموذج من الاحصائيات التي تشمل عدد الحالات المشخصة والمسجلة رسميا والمنشورة في النشرة الاحصائية التي تصدرها مديرية الاحصاء بوزارة الصحة •

السنة	عدد الاصابات
١٩٧٠	٤٤٧
١٩٧١	٥٢٢
١٩٧٢	٥٣٤
١٩٧٣	١١١٤
١٩٧٤	١٦٥٠
١٩٧٥	١٠٥٦
١٩٧٦	١٢٠٢

هـ ـ الصفات الوبائية للمرض في العراق (10,11)

وتشمل هذه الصفات العمر ، وقت الاصابة ، مناطق انتشار المرض والتي سنلخص بالنقاط التالية : ـ

١) العمر : تتركز الاصابة بالمرض في سن الشباب من ١٥ ـ ٤٤ سنة وتشمل حوالي ٥٠٪ من حالات التهاب الكبد الفيروسي ٠ وفي الاطفال (١ ـ ١٤ سنة) حوالي ٣٨٪ والنموذج أدناه يوضح العلاقة بين الاصابات والاعمار لعام ٩٧٥ في القطر ٠

نسبة الاصابة	العمر (سنة)
٤ر٢%	أقـل من سـنة
٣٨%	١ _ ١٤
٥٠%	١٥ _ ٤٤
٢ر٨ %	٤٥ _ ٦٤
٢ر١%	٦٥ _ ٧٤
٢ر٠%	اكثر من ٧٥

٢) وقت الاصابة : تـزداد عـدد حـالات التهـاب الكبـد الفيروسي المشخصة في المستشفيات العراقية في فصل الشتاء ، حيث تبلـغ ٢٨% مـن مجموع الاصابات السنوية لعـام ١٩٧٥ م .

٣) مناطـق انتشار المرض : تشير الاحصائيـات الوبائيـة الى أن ٣٧% من الحالات المسجلة لعام ١٩٧٦ منتشـرة فـي حـدود محافظـة بغـداد و ٣ر٢٨% منها في محافظة البصـرة و ٨ر٦% فـي حـدود محافظة ميسان وتتراوح نسبة الحـالات بين ١ _ ٤ % فـي بقيـة محافظـات القطـر .

و — الملامـح السـريرية (2-1)

تتميـز الملامـح السريريـة لالتهـاب الكبـد بثـلاث مراحـل :

١ ـ المرحلة البادرية

في معظم حالات المرض وقبل أن يظهر اليرقان (صفار الجسم والعينين) بنحو يومين الى ١٤ يوما تظهر أعراض واضطرابات فجائية على المريض فيشكو من تعب شديد وارهاق عند قيامه بأبسط المجهودات المضلية ويتبع ذلك فقدان الشهية ، اعياء شديد ، فتور وفي بعض الاحيان يصحب ذلك غثيان وتقيوء مع اسهال والآم عامة في الجسم ويشكو المريض من الآم في المفاصل مع اضطرابات في حاسة الشم ولايستسيغ الطعام مع فقدان الشهية بشكل تام ، وتبرز الآم في الجانب الايمن للبطن مع الشعور بالضيق وعدم الراحة مع حمى تتجاوز ٣٨ م ورشح أنفي يتبعه الآم بلعومية وسعال نتيجة الاصابة بالانفلونزا أحيانا ، ورهاب الضوء وفي بعض حالات التهاب الكبد الواردة عن طريق الزرق تبدأ اعراضها بصورة تدريجية وبدون حمى ، وفي حالات أخرى بالتهاب الكبد تظهر اعراض مشابهه للشرى وطفح جلدى بسبب ترسب المعقد المناعي (12) .

HB - Ag + Anti-HB-Ag + Complement

ولا يحدث هذا في النوع أ ، وعند تقدم هذه المرحلة بحدود يوم الى أربعة أيام قبل ظهور اليرقان يصبح لون الادرار داكنا (لون الشاى) نتيجة لوجود صبغة البليروبين في الادرار

ويكون البراز فاتح اللون ويصحب ذلك حكة في الجلد تكون لفترة وجيزة وفي الفحص السريري في هذه المرحلة قد تكون الاعراض مقصورة على تضخم في الكبد مع وجود ألم عند لمسه .

توجد بعض الحالات الطفيفة والبسيطة من التهاب الكبد تمر دون أن تظهر علامات يرقان نهائيا خلال فترة المرض بل تقتصر على الاعراض المذكورة سابقا في هذه المرحلة وخاصة في حالات التهاب الكبد أ عند الاطفال حيث تكون النسبة ١٥/١ يرقان بدون يرقان ، أما في حالة البالغين فتكون النسبة ١/١ ويستند التشخيص في مثل هذه الحالات على فحوصات فعالية الكبد الكيمياوية الحياتية مثل زيادة البيليروبين بالدم وارتفاع تركيز بعض الانزيمات في الدم .

٢ ــ مرحلة ظهور اليرقان

عند تقدم المرض تكون الاعراض السريرية في كلا النوعين من الالتهاب متشابهه وتخف حدة الاعراض التي ظهرت في المرحلة الاولى بصورة تدريجية ويظهر اليرقان بعد هذه الفترة التي أمدها ٦ ــ ٨ أسابيع وتزداد السينان والجسم صفرة الى أن تصل أعلى مستوى بين الاسبوع الاول والثاني ويصحبها فقدان في الوزن مع تغير في لون الادرار والبراز (يقل عمق لون الادرار وينمق

لون البراز) ، وخلال الفحص السريرى بعد ظهور اليرقان بإسبوع أو أسبوعين يأخذ حجم الكبد في التضخم ثم يعود الى حالته الطبيعية في بضعة أسابيع مع ازدياد في حجم بعض العقد اللمفاوية والطحال في ٢٠٪ من الحالات المرضية .

٣ ـ مرحلة الشفاء والنقاهة

بعد اختفاء اليرقان يبدأ المريض بالشعور بتحسن حالته الصحية بصورة تدريجية ولكنه قد يستمر بالشكوى من الانحلال والتعب وتتراوح هذه الفترة من ٢ ـ ٦ أسابيع حسب حالة المرض ومدى شدته ولكن الشفاء التام من الناحية السريرية والكيميائية الحياتية قد يحتاج الى ٣ أشهر وفي حالات أخرى يطول دور النقاهه ٤ ـ ٨ أشهر ويكون مصحوبا بعض الأحيان بتضخم الكبد والطحال مع تغير في الانزيمات التي تخرج من الكبد وتغيرات في وظائف الكبد ورغم طول مدة النقاهه الا انه لايحدث عادة تغير في تركيب الخلايا أو تليفها . وفي نهاية هذه الفترة ورغم طولها يكون الشفاء التام دون ترك أثر في الكبد مؤلفا .

وهناك بعض الملامح السريرية الأخرى في مرض التهاب الكبد الفيروسي غير المألوفة (النمطية الحدوث) وهي :

١ ـ التهاب الكبد اللايرقاني .

٢ ـ التهاب الكبد المصحوب بالركود الصفراوى .

٣ ـ النخر الكبدى تحت الحاد .

٤ ـ التنخر الكبدى الجسيم (التهاب الكبد المميت ، الضمور الأصفر الحاد) .

ز ـ التشخيص (1-3)

يعتمد تشخيص التهاب الكبد الفيروسي بصورة رئيسية على العلامات السريرية واستقصاء حدوث المرض والأعراض اضافة الى التحاليل المختبرية لتوكيد التشخيص والتي تتغير فيهما عدد الكريات الدموية البيضاء ووجود الفيروسات في الدم في مراحل معينة ، ثم تغير الانزيمات التي يفرزها الكبد وغيرها من وظائف الكبد المختلفة . وعند طريق الفحوصات المختبرية يمكن التفرقة بين أنواع اليرقان المختلفة ، بل وعليها أيضا وعلى التغير الذى يحدث في البول والبراز يمكن معرفة مدى تحسن الحالة وعلى أساسها يمكن للطبيب أن يكيف وسائل العلاج وتشمل فحوصات التشخيص :

١ ـ فحوصات الدم

ان وجود مستضاد النوع ب من التهاب الكبد في المصل أو خزعة الكبد يعتبر المفرق الوحيد بين

النوع أ والنوع ب من التهاب الكبد ٠ ان عدد كريات الدم البيضاء قبل حدوث اليرقان (المرحلة البادريه) يقارب الحد الطبيعي وقد يحدث أن يشاهد قلة في عددها مع زيادة نسبة عدد الخلايا اللمفاوية بالدم وقد يلاحظ في بعض الحالات وجود كريات دم بيض غير طبيعية تدعى Virocyte والتي تكون مشابهه لما يحدث في داء وحيدات النواة الخمجي ومن الاشياء الاولية الممكن اكتشافها في بداية المرض وهو وجود مستضادات النوع ب في التهاب الكبد ٠

زيادة في نشاط الانزيمات الناقلة لمجموعة الامين في المصل (SGPT and SGOT) يمكن ملاحظتها خلال ٧ ـ ١٤ يوما قبل ظهور اليرقان وبصورة عامة فان SGPT يرتفع بنسبة اكثر من SGOT في كل مراحل المرض وتبلغ قمة ارتفاع SGPT ٤٠٠ ـ ٣٠٠٠ وحدة/ لتر ٠ أما زيادة تركيز البيليروبين المباشر في الدم فيمثل ظهور اليرقان سريريا وعندما تصبح نسبته ٢ ملغم/ ١٠٠ سم٣ بالدم يظهر اليرقان وبعدها تبلغ النسبة اكثر من ٣ ملغرام٪ عن تطور اليرقان وتتراوح الزيادة ٥ ـ ٢٠ ملغم٪ حيث تدل على قلة فعالية الكبد وحدوث انسداد في القنوات الصفراوية داخل الكبد ٠

ومن خلال تطبيق فحص BSP تظهر قلة في فعالية الكبد قبل ظهور اليرقان ، أما أنزيم الفوسفاتيز القاعدي (AP) في المصل فيحافظ على مستواه الطبيعي أو بزيادة طفيفة لاتتجاوز ٣٠ وحدة أرمسترونك في حالة المرض •

٢ _ فحص الادرار

من الضروري التحري عن صبغة اليروبلينوجين في الادرار فهي تزداد في بداية المرض ، ثم تنخفض أو تنعدم في مرحلة اليرقان وترجع في الظهور بعد الشفاء • أما صبغة البيليروبين في الادرار فان وجودها يدل على انسداد حادث في القنوات الصفراوية داخل الكبد ونادرا مايلاحظ وجود دم في الادرار في الحالات المرضية •

٣ _ البروتينات المصلية

تحافظ هذه البروتينات على مستوياتها الطبيعية في المصل ويمكن أن يحدث نقصان في نسبة الالبومين بالمصل في بعض الحالات مع ارتفاع نسبة الكلوبيولين بشكل خفيف نتيجة لزيادة الكاما كلوبيولين وخلال عملية الهجرة المناعية يلاحظ زيادة في IgG ، IgM ومستوى طبيعي من IgA كذلك يعاني الكوليسترول في الدم من نقصان طفيف أو يحافظ على مستواه الطبيعي في غالبية الحالات المرضية ، وتهبط فعالية سابق الخثرين في فترة اليرقان ولكن نادرا مايتسبب في حدوث نزف •

٤ـ خزعة الكبد

ان عمل خزعه الكبد يحسم التشخيص في الحالات المستعصيه ولكن نادرا مايطبق هذا النوع من الفحوصات لصعوبة اخذ العينة (نسيج الكبد) ولعدم وجود حاجه ملحه لاجراءه في حالة التهاب الكبد الفيروسي الحاد واثناء الفحص النسيجي لكبد المصاب يلاحظ تنخر الخلايا الكبديه في كلا النوعين أ و ب مع وجود جسيمات ذات صبغة حامضيه في التدريحه Acidophilic Council Man Like Bodies.

ويمكن التميز بين النوعين أ و ب خلال فحص خزعه الكبد بوجود جسيمات مشابهة للفيروس في نواة وسايتوبلازم الخليه الكبديه في حالة النوع ب من التهاب الكبد ٠

ح ـ العلاج

ان الحالات التي تستوجب أدخال المريض الى المستشفى تلك التي تكون اعراضها شديدة كالضمور الاصفر الحاد والتهاب الكبد التنخرى تحت الحاد وعندما يكون المريض مصابا بامراض أخرى مثل داء السكر وحالات الحمل والشيخوخه وحالات التهاب الكبد الناتجه عن نقل الدم ، لابد ان تعالج في المستشفى خوف حدوث المضاعفات ويجب في كل حالات المرض أخذ فحوصات تامه لفعالية الكبد لملاحظة تقدم أو شفاء المرض بين فترة واخرى وان حالة عجز الفحص السريرى والنتائج المختبريه عن التشخيص وجب عمل خزعة الكبد لحسم الموقف ، ومن الطرق المهمه التي تستعمل لمعالجة حالات التهاب الكبد الفيروسي الحاد نذكر : (2)

١ـ الراحه

ان الراحه التامه ضروريه بالنسبة للمرض لانها قد تبعد المريض عن كثير من المخالطات المرضيه التي يمكن ان تحدث اثناء سير المرض ، وقد أقترح البعض وجوب استمرار الراحه التامه وضروريتها لزيادة سرعة الشفاء ولتلافي التحول الى النوع المزمن من المرض ويعتقد البعض الاخر ان ملازمة الفراش ليست ذات فائدة كبيرة حيث يحتاج المريض في علاجه الى الراحة في الفراش لمدة تختلف اعتمادا على شدة المرض ولاداعي لان يكون المريض طول الوقت في السرير ويكفيه ساعة بعد تناول كل وجبة على ان يقضي باقي الوقت في كرسي بجوار السرير . (2,3)

٢ـ الغذاء

في بداية المرض وعندما تكون فقدان الشهيه من الاعراض الواضحه ويجب تشجيع المريض على أخذ الطعام المناسب وتجنب الدهون قدر الامكان ونسبة عاليه من الكاربوهيدرات وقليل من البروتينات لاتتجاوز ٨٠ غرام/يوميا وتشجيع المريض على تناول عصير الفواكه الطازجه من ان الى اخر . (13-14)

٣ـ الستيرويد

بالرغم من ان اعطاء مركبات الستيرويد للمرضى يؤدي الى تحسن ملحوظ في حالتهم الصحيه وتقليل الاعراض مع تحسن في النتائج الكيميائية الحياتيه المختبريه الا انه لم يثبت في استعمال الستيرويد حصول تغيير في مدة وفعالية المرض ولا تقلل من المخالطات المرضيه التي قد تحصل اثناء سير المرض . (15,16) ولذا ففي الحالات الاعتياديه والبسيطه من التهاب الكبد

الفيروسي لايستوجب اعطاء هذا الدواء . (2)

ان مركبات الستيرويد يمكن ان تعطى للمرضى الذين يعانون من الاعراض الشديده جدا ومستمرة لبضعة ايام كما في حالة ضمور الكبد الاصفر وتتراوح الجرعة ٣٠ ــ ٦٠ ملغرام من البرونزولون أو مشابهه لبضعة اسابيع ثم يقطع بصورة تدريجيه خلال بضعة اسابيع وكما يجب تجنب الادويه التي تمثل في الكبد والتي تؤثر على فعاليته فقد تؤدى الى مخالطات مرضية اخرى نتيجة التأثير على الكبد أو زيادة نسبتها في الدم ومن هذه الادوية البثدين ومضادات الحياة وكذا الحال بالنسبة لكافة المخدرات ويجب الامتناع عن كافة المسكرات بما لايقل عن ستة اشهر . (2)(13)

اما لعلاج حالات الانتخار الكبدى تحت الحاد وحالات تنخر الكبد الجسيم فمن الممكن اعطاء كميات جسيمة من الكورتزون وعند بده علامات خمول فعالية الكبد واستمرارها مع زيادة استمرار وعمق اليرقان او ظهور علامات تغيير واختلاف في عمل الدماغ نتيجة الوصول الى حالة اعتلال الدماغ الكبدى أثناء استمرار المرض وتزمنه ، رغم ان فعالية الكورتزون واثره في هذا الخصوص غير مثبوته . (1-2)

ط ــ الوقايه (1-3)

ويجب الالتزام بمبادىء واسس الصحه العامه (النظام العام الشخصيه والمرافقه الحياتيه) للوقاية من امراض التهاب الكبد الفيروسي . وفي حالات يمكن اعطاء كمية من الكلوبيولين المناعي بالعضله من خلال الكلوبيولين المناعي المصلي بمقدار ١٠ر٠ سم٣ لكل باوند من وزن جسم الشخص المصاب وهو في فترة الحضانه ، والتي يمكن ان تمنع ظهور الاعراض كاليرقان بالنسبة للاشخاص

المعرضين ، وهي ذات فائده وخاصة في حالات النوع أ من التهاب الكبد ولوقاية الاشخاص المخالطين للمريض وخاصة الشيوخ منهم والاطفال والنساء الحوامل والمرضى المصابون بأمراض مزمنه ومعروفه ٠

ان العلاج الوقائي المذكور صعب في هذه الحاله وترجع الصعوبة الى ان الفيروس ، يفرز من المريض لمدة اسبوعين قبل ظهور اليرقان ومما يساعد على هذه الصعوبة ايضا وجود حالات مصابه دون ظهور اعراض عليها ودون وضوح اليرقان وهؤلاء هم حاملوا المرض ٠ ويمكن تخفيف حدة المرض في المخالطين وخصوصا الاطفال والمسنين والحوامل بحقنهم مصل يحتوى على الكلوبيولين مناعي وجرع ٠٫٠٥ ــ ٠٫٠٦ سم٣ لكل باوند من وزن الجسم اذا أريد مناعة من المرض لمدة ٢ ــ ٣ أشهر ٠

ويجب عمل فحص للتحرى عن مستضاد والنوع ب من التهاب الكبد في الدم المخزون في المصارف لغرض تجنب نقل الاصابه ، ولاتوجد طريقة لتحديد النوع أ من التهاب الكبد في الدم ٠ ومن الضرورى استعمال الادوات الطبيه من النوع الذى يستعمل لمرة واحدة قدر الامكان مع التشديد في عملية تعقيم ادوات الاسنان والادوات الطبيه الاخرى المستعمله بين المرضى ٠

٣ـ الكيمياء الحياتيه ومرض التهاب الكبد الفيروسي الحاد

التهاب الكبد الفيروسي الحاد مرض بدني ينتشر في اغلب اجهزة الانسان الحيويه فهو أضافة لكون الكبد أفتة الرئيسيه ، ينتشر الى القناة المعويه المعديه والقلب والبنكرياس والطحال .. ويؤدي الى حصول تغيرات مرضيه تؤثر على سير العمليات الكيميائية الحياتيه في هذه الاحشاء المصابه وينعكس تأثيرها على الجسم كله ، وعليه فان دراسة هذه التغيرات في السوائل الحياتيه وفي الاعضاء نفسها يمكنها ان توضح لنا أثر الاصابه على الخلايا المختلفه ورد فعل هذه الخلايا تجاه الفيروسات أضافة الى فوائد هذه الدراسات للاغراض التشخيصيه والعلاجيه (13) . ولاتتوفر معلومات كامله عن التغيرات الكيميائية الحياتيه في مختلف السوائل البيولوجيه للاشخاص المصابين بالتهاب الكبد الفيروسي وفيما يلي حصيلة ماورد في الادبيات بهذا الخصوص :

أ ـ الادرار والتغيرات الكيميائية الحياتيه

يحتوى الادرار على زيادة قليله من اليوروبيلينوجين (+) في المراحل الاولى من مرض التهاب الكبد الفيروسي وقبل ظهور اليرقان ، ويزداد اليروبيلينوجين في الادرار كلما تقدم اليرقان ويختفي منه بصورة مؤقته عند ما يكمل حدوث الانسداد الكبدي الصفراوي ، ويظهر البيلروبين في الادرار وقد يلاحظ في بعض الاحيان ظهور بروتين في الادرار . (13)

ب ـ تغيرات صورة الدم (2)

يكون عدد كريات الدم البيض أعتيادي أو أقل من الاعتيادي بقليل في حالة التهاب الكبد الفيروسي مع وجود زيادة في عدد الخلايا اللمفاويـة بالدم وقد يلاحظ في بعض الحالات وجود كريات دم بيض غير طبيعيه .

جـ ـ بروتينات مصل الدم

تحافظ هذه البروتينات على مستواها الطبيعي في مصل المرضى المصابين بالتهاب الكبد الفيروسي ويمكن في حالات ان يحدث نقصان في نسبة الالبومين بالمصل مع ارتفاع نسبة الكلوبيولين بشكل خفيف نتيجة زيادة جزء الكاما .

د ـ انزيمات مصل الدم

ان قياس فعالية الانزيمات الناقلة لمجموعة الامين وانزيم الفوسفاتير القاعدى في المصل من الفحوص السريريه التي اصبحت مالوفة عالميا في المختبرات الطبيه واعتبرت من اختبارات وظائف الكبد المهمه .[17] والانزيمات الناقلة لمجموعة الامين من الانزيمات الكبديه المهمه التي تعكس مستواها في المصل مقدار الحاله المرضيه للخليه الكبدية .ويلاحظ ارتفاع فعاليتها في المصل في المرحلة السابقه لظهور اليرقان[18] . وقد لوحظ كذلك بان مستوى الانزيمات الناقله لمجموعة الامين يرتفع في المصل قبل بداية ظهور الاعراض المرضيه بحوالي اسبوع[19] . وفي ٥٠٪ من الحالات المرضيه التي سجلها كليومونت ١٩٦٧ ، لوحظ ازدياد فعالية هذه الانزيمات قبل اليرقان أو تضخم الكبد بخمسة أيام و ٩٠٪ منها قبل يومين من اليرقان . (20)

١ ـ الانزيمات الناقلة لمجموعة الامين في مصل مرضى التهاب الكبد الفيروسي النوع أ .

ان قمة الزيادة في نشاط هذه الانزيمات يحدث مبكرا اثناء ظهور الاعراض السريريه وما يقارب ٧ ـ ١٠ ايام قبل بلوغ اعلى مستوى

للبيليروبين في المصل ،وبصورة عامه فقد لوحظ ان هنالك توافق بين بداية الاعراض اليرقانيه وشدة المرض سريريا (20,18) . أما مستوى ارتفاع نشاط هذه الانزيمات (21) فانها يكون بحدود مختلفه لكل حالة من حالات التهاب الكبد فيتراوح مستوى زيادتها عند الحد الاعلى للمستويات الطبيعيه في المصل بحدود ١٠ ــ ١٠٠ مره في بعض الحالات المرضيه من التهاب الكبد الفيروسي (22) ، ولكن اغلب القيم المستحصله لفعاليه هذه الانزيمات في مصل المرضى تتراوح من ٢٠ ــ ٥٠ من اكثر من الحد الاعلى للمستوى الطبيعي (20)(23-26) وتبين أن مستوى نشاط الانزيم GPT يفوق مستوى نشاط GOT في ٩٠٪ من مصول الحالات المرضيه (20)(25-28) .

ان كل الانزيمات بصورة عامه في حالات التهاب الكبد تبلغ مستواياتها اكثر من ٢٥٠ وحده في اللتر (في ظروف ٢٥م) ــ وحالات قليله تتجاوز فعالية الانزيمات حدود ٥٠٠ وحده/لتر في حين ان الحد الطبيعي لفعالية هذه الانزيمات في مصل الذكور البالغين خلال استعمال نفس ظروف القياس كانت ١٥ ــ ٢٠ وحده/لتر لانزيم GPT ٢٠ ــ ٣٠ وحده/لتر لانزيم GOT في (٢٥م) وبالنسبه للاناث الطبيعيات فان الانزيمات لها نفس مستوى النشاط وفي بعض الاحيان أقل بحدود ٣ ــ ٧ وحده/لتر من المستوى الطبيعي للذكور (29-31) .

وفي بعض حالات التهاب الكبد الفيروسي يصل مستوى نشاط الانزيمات الناقله لمجموعة الامين في المصل اكثر من ١٠٠٠ وحده/لتر وهذا يفسر الحاله الشديده للمرض وصرامتها وفي الحالات

الخفيفة فيلاحظ ان نشاط هذه الانزيمات لايتجاوز ١٥٠ وحده/لتر ،ان العلاقة مابين الاعراض وقيم نشاط الانزيمات غير متينة في حين ان النشاط الكبير جدا لهذه الانزيمات تكون مألوفه في بعض الاحيان في حالة التهاب الكبد الفيروسي لدى الاطفال .(17)

ان رجوع الانزيمات الناقله لمجموعة الامين الى مستوايتها الطبيعيه في مصل مرض التهاب الكبد الفيروسي يتم خلال عدة أيام بعد ظهور اليرقان وتتماشى مع النزول الحاصل في مستوى البيلروبين في المصل وبقية فحوصات وظائف الكبد ،(18)

وقد لوحظ ان قياس نشاط هذه الانزيمات بصورة مستمره اثناء المرض تساعد على التأكد من سير المرض وتقدمه وخاصه في الحالات التي لاتحدث فيها اختلاطات مرضيه اخرى حيث نلاحظ رجوع هذه الانزيمات الى مستوايتها الطبيعيه خلال ٢ ـ ٥ اسابيع من بداية اليرقان ، (23)(32-34) وكانت سرعة نزول نشاط GOT اكثر من سرعة نزول نشاط GPT أثناء سير الحاله نحو الشفاء ،(34) وقليل جدا من الحالات المرضيه مايبقى فيها نشاط هذه الانزيمات غير طبيعيه بعد الاسبوع الثامن ،(33) كما ان عودة ارتفاع نشاط الانزيمات القليل مجددا مع ارتفاع مستوى البيليروبين بعد ٧ ايام حالة كيميائية حياتيه غير طبيعيه تؤكد حدوث مخالطات سريريه بشكل طفيف تنذر لبداية مرضيه .(35)

ان استمرار الزيادة في نشاط هذه الانزيمات منذ بداية المرض وعدم توقفها في الفترة المألوفه بعد ظهور اليرقان تعطى دلاله

على حدوث حالة التنخر الكبدى الجسيم وعجز الكبد [17] • ان الحـــالات المألوفه من التهاب الكبد الفيروسي تكون فيها فعاليـــة GPT اكثر من مستوى فعالية GOT (خلال نفس ظروف القياس المثلى) وحيث ان كلاهما يتحرر من الجزء السايتوبلازمي للخليه الكبديـــه اثناء تنخرها وفي حالات ناد ره يزداد نشاط GOT علـى GPT وتحصل عن تحرر GOT الموجود في الميتاكوند ريا وتعبر عن شـدة المرض الذى تتعرض له الخليه الكبديه والعجز الكبدى بشكل عام [25] •
ان في بعض الحالات التي يبقى مستوى نشاط الانزيمات مرتفع عـن الحد الاعلى للمستوى الطبيعي قد تعطى دليلا على بدايـــة التهاب الكبد المزمن او تشمعه [36][22][25] • وعند اجراء خزع كبدى لمثـــل هذه الحالات ترضح وجود ارتشاح خلايا ملتهبة وتنخر موضعـــي للخلايا المتنيـــه الكبديه • [36,37]

ان ارتفاع نشاط هذه الانزيمات في التهاب الكبد الحاد مهم جدا لتشخيص حالة التهاب الكبد اللايرقاني ، وحيث ينتشر هذا النوع من حالة التهاب الكبد الفيروسي بنسبة كبيره بين الاطفال كمـــا ذكرنا سابقـــا •

أما في حالات التهاب الكبد الفيروسي الحاد النوع ب فان تصـرف الانزيمات مماثل لما ذكر في التهاب الكبد أ وكنتيجة لطول حضانة النوع ب من التهاب الكبد فان نشاط الانزيمات يكون مرتفع لمـــدة اسابيع في الدور البادرى ويلاحظ استمرار نشاط هذه الانزيمـــات اكثر مما في النوع أ وبقاء الانزيمات مرتفعة النشاط اكثر من ســتة

أشهر تعطي دليلا الى وجود التهاب الكبد المستمر كما أوضحت خزعة الكبد . (38,39)

أن ارتفاع الانزيمات الناقلة لمجموعة الأمين في مصل المصابين بالتهاب الكبد الفيروسي قبل بروز الملامح السريرية للمرض وفي الحالات اللايرقانية من المرض تعطي أهمية خاصة لهذه الانزيمات في الدراسات الوبائية (27,40) . حيث ان الحالات اللايرقانية من المرض تقدر بنسبة ١٠ / ١ من الحالات اليرقانية . وذات فائدة لتحديد الحالات من الموجودة من التهاب الكبد وخاصة النوع أ في الاماكن العامة كالمدارس والسفن وفي هذا النوع من الفحوصات يكون GPT اكثر أهمية وتحسسا من GOT ويمكن اجراء فحص آخر لوظائف الكبد الى جانب تحديد نشاط GPT ليؤكد حدوث الاصابة بالتهاب الكبد (41-44) . ان ارتفاع هذه الانزيمات في الحالات تحت السريرية والحالات قبل السريرية من التهاب الكبد الفيروسي ذو أهمية وأثر بالغ في تشخيص وعزل هذه الحالات وتحديد انتشار المرض بعد التأكد منها . (17)

درس كثير من الباحثين مستوى هذه الانزيمات في مصل الاشخاص المتبرعين بالدم كجزء من الجهود المبذولة لمنع انتشار التهاب الكبد الفيروسي خلال عمليات نقل الدم وقد وجد أن ٣ ر٠٪ من الذين ينقل اليهم دم يصابون بالتهاب الكبد الفيروسي من خلال تزويدهم بالدم من مصدر غير محترف . (45-48)

ان ارتفاع مستوى نشاط الانزيمات الناقلة لمجموعة الأمين وجد في اكثر من ٢٪ من المتطوعين لاعطاء الدم ووفق الاختلافات الجغرافية ، وقد يؤكد هذا الارتفاع وجود التهاب كبدي حاد أو مرض كبدي مزمن . (46,45)

ولازال من المألوف لحد الآن عمل فحص عام على دم المتبرعين حول نشاط الانزيمات الناقلة لمجموعة الأمين ويهمل الدم ذو الفعالية العالية لهذه الانزيمات رغم أن التقدم الاخير في اكتشاف طريقة لاستقصاء وجود مستضاد النوع ب من التهاب الكبد أو جسامة المضادة (HB-anti-Ag) لتلافي انتقال المرض ، وقد أعطى هذا الفحص حالات موجبة تحمل المستضاد وشكلت ١ر٠٪ من المتبرعين مع اختلاف التوزيع الجغرافي واهمال هؤلاء من حساب المتبرعين له قيمة لايمكن الشك في فائدتها لمنع انتقال التهاب الكبد الفيروسي ووجد كذلك أن $\frac{١}{٣}$ من هذه الحالات يكون ارتفاع مستوى نشاط الانزيمات الناقلة لمجموعة الأمين وقتي وذلك لاصابتهم بالتهاب الكبد الحاد وشكل دائمي لاصابتهم بالتهاب الكبد المزمن المستمر من خلال النتائج التي حصل عليها من الخزعة الكبدية . (49-53)

٢ ـ أنزيم الفوسفايتر القاعدى في مصل المصابين بالتهاب الكبد الفيروسي :

ان أنزيم AP يحتفظ بمستواه الطبيعي أو ارتفاع طفيف في حالة التهاب الفيروسي الحاد مقارنة لما تبديه الانزيمات الناقلة لمجموعة الامين من اختلاف ، وفي $\frac{1}{3}$ البالغين من المرضى يبدو نشاط AP طبيعيا في مصولهم و ٩٠٪ من النتائج المستحصلة هي أقل ٥ ر٢ من الحد الاعلى للمستوى الطبيعي الذى يبلغ ٣٠ وحدة كنك ارمسترونك / أو ١٠ وحدات بودانسكي • أما في الاطفال من المرضى فكانت قيمة نشاط الانزيم اكثر بحوالي ٥ ر٣ من فعاليتها في المرضى البالغين • والسبب هو زيادة فوسفايتز العظم نتيجة (54) اضطراب الكبد • وقد لوحظت أعلى زيادة لنشاط AP في بداية (55) حالة التهاب الكبد أو تتأخر للاسبوع الثاني والثالث ويرجع الانزيم لمستواه الطبيعي خلال الاسبوع الخامس • (17)

في بعض الحالات التي يحصل انسداد في القنوات الصفراوية منذ بداية مرضى التهاب الكبد الفيروسي والتي تؤدى الى تطور حالة التهاب الكبد الصفراوى الصاعد (قد تظهر في الحالات الوبائية) يلاحظ زيادة نشاط AP بشكل واضح ويشابه مايحدث في يرقان الركود الصفراوى ويصل الى اكثر من ٥ ر٣ مرة بقدر الحد الاعلى للمستوى الطبيعي AP ويبقى ارتفاع نشاط الانزيمات الناقلة لمجموعة الامين المبكر هو المساعد الرئيسي على التميز بين التهاب الكبد الصفراوى الصاعد وبقية أسباب الركود الصفراوى (17) • ان الكثير من مرضى التهاب

الكبد يصابون بدرجة طفيفة من الركود الصفراوى في الاسبوع الأول والثالث من المرضى نتيجة الانسداد الميكانيكي الكبدى لسريان سائل الصفراء بسبب انتفاخ الخلايا الكبدية الملتهبة اضافة الى الالتهابات الحاصلة في افراز الصفراء ، يلاحظ زيادة في نشاط AP بينما يحصل هبوط في مستوى نشاط الانزيمات الناقلة لمجموعة الأمين ويصبح في الحالة هذه تشخيص التهاب الكبد غير ممكن من خلال الاكتفاء بقياس نشاط الانزيمات ولكن بالرغم من ذلك فان (هبوط الانزيمات الناقلة لمجموعة الأمين والارتفاع الحاصل في نشاط AP ثم رجوعه الى الحد الطبيعي) يمكن أن يساعد في تشخيص هذه الحالة ومن هنا تبرز أهمية الفحوصات الانزيمية المبكرة في تشخيص أمراض الكبد . (17)

٣ ــ أنزيمات المصل الأخرى :

هنالك أنزيمات أخرى موجودة في الخلية الكبدية تتحرر الى المصل اثناء مرض الخلية وهي قليلة الاستعمال في المختبرات والأعمال الروتينية التشخيصية ، مثل :

أ ــ Isocitric Dehydrogenase

الذي يستعمل حاليا في مختبرات المملكة المتحدة وهو يشبه GPT في تأثره حيث يرتفع نشاط ICDH خلال الاضطرابات الحادة التي تسبب الخلية الكبدية (17) . وقد وجد أعلى نشاط له في التهاب الكبد الفيروسي وفي الأسبوع الأول من المرض ويرجع الى مستواه الطبيعي خلال الأسبوع الثالث أو الرابع من المرض ويبقى مستمرا في الزيادة لمدة أشهر عندما يأخذ الالتهاب الكبدي شكله المزمن (56-58).

ب ــ γ-Glutamyl Transferase

يرتفع نشاط هذا الأنزيم في التهاب الكبد الفيروسي في الاسبوع الأول من المرض ويصل أعلى حد في الزيادة خلال الاسبوع الثاني والثالث بعدها يهبط وأغلبية الحالات يبقى مستوى نشاط الأنزيم مرتفع حتى الأسبوع السادس ، وقمة زيادة نشاط الأنزيم تقدر حوالي ٥ مرات بقدر الحد الأعلى لمستوى نشاطه الطبيعي في المصل (59,60).

جـ ـ Leucine Aminopeptidase

يـزداد نشـاط هذا الانزيـم بشـكل خفيـف لايتجـاوز ضعـف الحـد الاعـلى لمسـتواه الطبيعـي في ٨٠٪ من حالات التهـاب الكبـد الفيروسـي . (61-66)

د ـ 5́-Nucleotidase

يرتفـع نشـاط 5́N فـي حـالات التشـمع الصفـراوي والتهـاب الكبـد الفعـال المزمـن والحـالات الكبديـة المتقدمة فـي المـرض المصحوبـة بغيبوبـة . (67,68)

٤ - المسح العلمي للأنزيمين

Guanine aminohydrolase Ec. 3.5.4.3 (G.)

Adenosine aminohydrolase Ec. 3.5.4.4 (ADA)

أ - تفاعـلات الـ .G   و ADA

يقوم   .G   و ADA بتحفيز عملية تقويض تواعـد البوريـن الناتجة من نكوس الاحماض النووية في الكبد يتبعهـا تأثيرات أنزيمية أخرى الى تكوين حمض البوريـك .   (69,70)

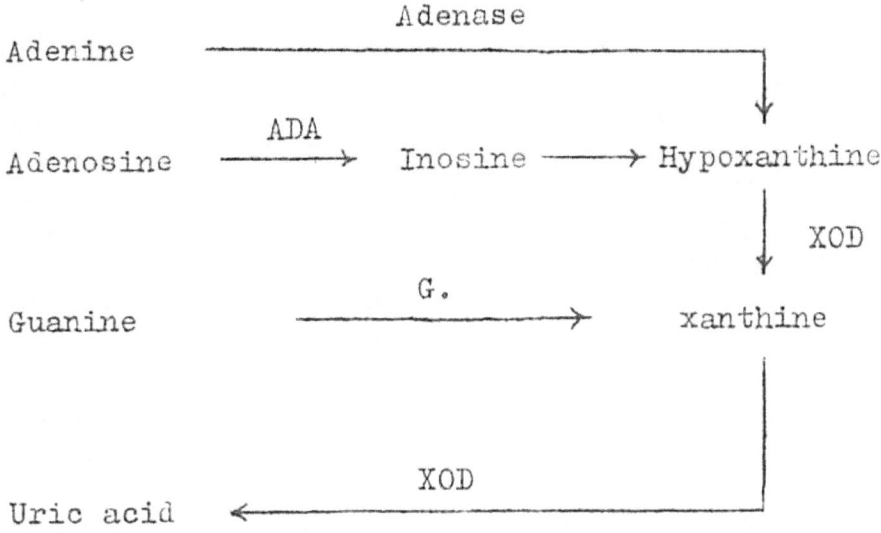

Adenine ────────── Adenase ──────────┐
                                      ↓
Adenosine ──ADA──→ Inosine ──────→ Hypoxanthine

                                      │ XOD
                                      ↓
Guanine ────────── G. ──────────→ xanthine

                                      │
                                      │
Uric acid ←────── XOD ────────────────┘

أما الطبيعة الكيميائية لهذه التفاعلات فهي عبارة عن قيام أنزيـم

بتمسي القاعدة البيورينية Guanine وتحويلها G.
الى xanthine وأمونيا وكذا الحال بالنسبة لانزيم ADA
حيث يقوم بتحويل Adenosine الى Inosine وأمونيا (71,17) (38,39)

$$\text{Guanine} \xrightarrow{G.} \text{Xanthine} + NH_3$$

$$\text{Adenosine} \xrightarrow{ADA.} \text{Inosine} + NH_3$$

ب ـ انتشار ال G. و. ADA

يوجد الـ G. منتشرا في أغلب الانسجة الحيوانية ، وأفصحت الدراسات المتعلقة بتوزيعه في أنسجة الارنب بأن فعاليته حسب الترتيب التالي : الكبد ، الدماغ ، بطانة الامعاء ، والعضلات الهيكلية ، وكذلك وجد ان كبد الانسان أغنى مصادر G. ضمن أنسجة الجسم البشرى . وتكاد تنعدم فعالية هذا الانزيم في أنسجة القلب والرئتين والطحال والبنكرياس والعضلات الهيكلية والكريات الدموية . (72) (73,74)

ان ال G. يتوزع داخل الخلية الكبدية منتشرا في السايتوبلازم بنسبة ٧٢٫٥٪ وداخل الميتاكوندريا بنسبة ١٢٫٣٪ وداخل نواة الخلية بنسبة ١٥٫٢٪ من تراكيز الانزيم الكلي في الخلية الكبدية عند الحصان والفأر . (75,76)

ولاتوجد اشارة في الادبيات عن وجود أنزيم .G في الكائنات الدقيقة والسوائل البايولوجية فيما عدا الدراسات المتعلقة بوجوده في المصل البشري والتي تؤكد على انتفاء فعاليته من المصل البشري الطبيعي أو قليله جدا ولاتتجاوز ٣ وحدات عالمية/ لتر في حالة وجودها (74,77-79) • وكذا الحال في دم أو مصل الارنب (72) والدجاج (80) بينما وجد نشاطا عاليا نسبيا له في مصل الفأر الطبيعي (76,81) •

أما بالنسبة لـ .ADA فهو بالاضافة الى وجوده الرئيسي في الانسجة الحيوانية ينتشر في بعض أنواع النباتات والفطريات والبكتريا (71) (80,82) ويتوزع في أنسجة اللبائن بشكل عام ، درست فعاليته في أنسجة الارنب والانسان بشكل خاص وكان أعلى نشاط للـ ADA في نسيج الاعور وبطانة الامعاء والطحال بينما تنعدم الفعالية أو قليلة جدا في العضلات الهيكلية والجلد والعظام ويحتوى الكبد ٧ ــ ١٠٪ مما تحتويه الامعاء من أنزيم ADA ، وينتشر في الجزء السايتوبلازمي اكثر من الجزء النووي من الخلية (83-85) ، وفيما يخص انتشاره في السوائل البايولوجية فلقد أقتصرت البحوث على قياس فعالية هذا الانزيم (.ADA) في مصل الانسان وبلغت ١٧٫٠٥ وحدة عالمية / لتر (٣٫٧٥ ±) في مصل الدم البشري (71) وفعالية عالية جدا في كريات الدم الحمراء (86) •

جـ ــ متناظـــرات الـ G. و ADA

فصلــت متنا ظـرات الـ G. و ADA من الانســـجة الحيوانيـــة المختلفـــة ودرســت صفاتهــا الحركيــة ، ووجد متناظـــرات للـ G. في أنســـجة دمـاغ وكبــد الفـأر وتمت عمليـــة فصلهمـا بواسـطة DEAE-cellulose وأطلـــق على هذيـن المتناظريـن (A) ، (B) ولوحـظ اختـلاف في الصفـــات الحركيـة لهمـا . حيث اعتبـر المتنا ظـر A من الانزيمـات الالوستيرية في حيـن يطيع المتنا ظـر (B) معادلة ميكيليـس (88) . وكذلك يختلف المتنا ظـران (A) و (B) بالصفـات الحركيـة الاخرى كالكبـت والتنشـيـط ودرجة الاس الهيد روجينـي المثلـى (89) .

(87)

وقـد أشـارت البحـوث الى وجـود ثلاثـة متنا ظرات لـ ADA. في الانسـجة البقريـة وأطلـق عليها المتنا ظر (A) ، المتناظر (B) والمتنا ظـر (C) واكـدت الدراسـات ان المتنا ظر (A) يتكـون مـن وحـدات ثانويـــة تشمل المتنا ظر (C) بالارتبـاط مــــع بروتينـــات أخـرى (90,91) .

وقـد أكـدت الدراسـات المتعلقـة بالانسـجة البشرية وماتحويـه مـن متناظـرات لـ ADA. ، بـان أنسـجة الكبـد والرئتيـن ومصـل الـدم في الانسـان تحتـوى على نشـاط يتغلب فيـه المتناظر (A) بينمـا يشـغل المتناظـر (C) فقـط كريـات الـدم البيضـــاء

وتحتوى أنسجة المعدة على المتناظرات (A) و (C) .[80]

وانه من الممكن فصل متناظرات أنزيم ADA الموجودة في المصل البشرى الى عدة مكونات بطرق الترحيل الكهربائي وتطبيق انواع الكروموتوغرافيا والترشيح الهلامي .[92,93,94] وتم فصل ٥ مكونات أنزيمية نشطة في مصل الدم الطبيعي أطلق عليها الأجزاء I ، II ، III ، IV و V وقد كانت هجرة الاجزاء I ، II و III منه تحتل تقريبا نفس موقع الالبومين وجزء α_1 و α_2 من الكلوبيولين المصلي في عملية الترحيل والجزء IV بنفس سرعة ترحيل جزء β من الكلوبيولين والجزء V بنفس سرعة الجزء γ من الكلوبيولين المصلي .[93] وتمت دراسة التغيرات التي تحصل في مستوى هذه الاجزاء الخمسة من أنزيم ADA المفصولة في ثلاثة أمراض لغرض الوقوف على مدى امكانية الاستفادة منها في التشخيص السريرى لسرطان الرئة والتدرن الرئوى والتهاب الكبد الحاد ومقارنتها مع الحالات الطبيعية وقد وجد ارتفاع عال في مستوى نشاط الجزء II من ADA المصلي في حالة سرطان الرئة بينما حصل ارتفاع في نشاط الجزء I في حالة التدرن الرئوى بينما حالات التهاب الكبد الحاد وخاصة تلك المشفوعة بيرقان ، فقد ارتفع نشاط III بشكل ملحوظ مقارنة بمستوى نشاط هذه الأجزاء في المصل الطبيعي ، ولكي يكون التميز اكثر وضوحا بين هذين

النوعين من أمراض الرئة ، فقد حسبت نسبة الجزء I / الجزء II من أنزيم ADA المصلي في الحالات المتعددة فوجد بأن النسبة تكون أكبر في حالة التدرن الرئوى من حالة سرطان الرئة .
وعند التركيز على امكانية الاستفادة من هذه الاختلافات في تشخيص مرض السرطان الرئوى ومتابعته وجد بأن الجزء II هو خاص بهذا المرض ، وعند متابعته في حالتين من سرطان الرئة خلال مراحل المرض المختلفة (قبل وبعد اجراء العملية أو العلاج بالاشعة) ووجد انخفاض في مستوى الجزء II من أنزيم ADA المصلي ناتج عن زوال تام والتأم حجم الاقـه .(93)

وعند دراسة الصفات الحركية لمتناظرات ADA في الانسجة البشرية كانت متشابهة فيما عدا درجة الأس الهيدروجيني المثلى حيث بلغت ٥ ر٥ للشكل الوسط و ٧ ـ ٤ ر٧ للشكلين المتناظرين الكبير والصغير . واكدت الدراسة بهذا الخصوص أن المتناظر الصغير بغض النظر عن مصدره فهو يعرض لنا ثلاثة مناطق متغايره بشكل واضح خلال عملية الترحيل الهلامي الكهربائية بالنشا ،(94) عملية التعديل البؤرى المتكاهرة(95) وعملية الكروموتوغرافيا نوع DEAE--sephadex(96,97) وقدم تم في دراسات أخرى فصل متناظرات أنزيم ADA من الانسجة البشرية كالكبد والرئتين باستعمال المرشح الهلامي نوع G200 وقد تم الحصول على متناظرين لـ ADA ولاتوجد أى فوارق أنزيمية أو مناعية بينهما فيما عدا الثبوتية

الحرارية وقد أحتوى كبد الشخص الطبيعي (البالغ والجنين) على فعالية للمتناظر ذو الوزن الجزيئي الكبير فقط وكذلك الحال في أنسجة الرئة (98,99) ، بينما كانت أنسجة المعدة تحوى فعالية للأنزيم ADA بأغلبية المتناظر الصغير ، في حين أحتوت كريات الدم على المتناظر الصغير فقط . أما أنسجة الكبد والرئة المصابة بالسرطان فا احتوت على فعالية متساوية للمتناظران في كلا منهما (98) .

د ـ طرق قياس فعالية ال G. وال ADA.

هناك عدة طرق لقياس نشاط G. نذكر أدناه تلك التي تعتبر اكثر تداولا واستعمالا في المختبرات :

١ ـ قياس كمية الأمونيا المتكونة خلال التفاعل (100,101) .

٢ ـ طريقة هيووفري وكويست الطيفية المستعملة للأغراض السريرية (77,78,102) .

٣ ـ طريقة كلكار المحورة من قبل كويست وآخرين (103) الطيفية التي تعتمد على قياس حامض اليوريك باستعمال XOD وكما موضح أدناه (79,81,104) :

$$\text{Guanine} + H_2O \xrightarrow{G.} \text{Xanthine} + NH_3$$

$$\text{Xanthine} + O_2 + H_2O \xrightarrow{XOD} \text{Uric acid} + H_2O$$

(105,106)

٤ ـ طريقـة ولتـر وكريـسـن والتـي تعتمـد ادخـال الامُونيا المتحررة

في تفـاعـل آخـر ، يتحـول NADH الى NAD^+ وتقـاس

طيفيـا حينئـذ .

$$NH_4\text{-Ketoglutrate} + NADH \xrightarrow{\text{GLDH}} Glutamate + NAD^+$$

أما طـرق قيـاس نشـاط ADA فتركزت على الطـرق اللونيـة

والطيفيـة من خـلال تقديـر مايسـتهلك من Adenosine أثنـاء

التفاعـل أو مايـنتج عن الـ Inosine [107] وهـذه الطـرق غير مأُلوفـة

في الكيميـاء السـريريـة لعـدم حسـاسيتهـا العاليـة ، أما الطريقـة [71]

اللونيـة الاكثـر شيـوعا في مجـال التشـخيص السـريري فهي طريقـة جيني

بـارمـان [108] والتي تتضمـن تكويـن معقـد لونـي من خـلال تفاعـل

الامُونيـا النـاتجـة من التفاعـل الانزيمـي مـع الفينـول وهـابيو وكلورات

الصوديـوم في محيط قاعـدي وتقـاس كميـة هـذا المـعقد من خـلال

شـدة الامتصـاص في جهـاز الطيف اللونـي .

$$Adenosine + H_2O \longrightarrow Inosine + NH_3$$

$$NH_3 + OCl^- + 2\ \text{(phenyl)}-OH \longrightarrow O=\text{(ring)}=N-\text{(ring)}-O^-$$

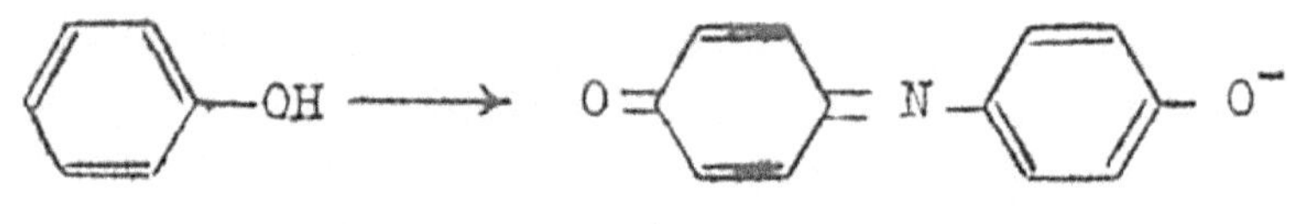

Indophenol

(colour complex)

هـ ـ الأهمية التشخيصية والسريرية لـ G. و ADA. في المصل البشري :

يعتبر قياس فعالية G. و ADA. في المصل ذو أهمية كبيرة في التشخيص وتمييز كثير من الأمراض البشرية وخاصة مايصيب الكبد منها ، حيث يعكس مستوى نشاط هذين الانزيمين في المصل مدى الضرر اللاحق بالخلية الكبدية نتيجة الاصابة بالمرض . (17,71)

ان عدم وجود الـ G. في الأنسجة العضلية أو الخلايا الدموية (الحمراء والبيضاء) وتركزه في الكبد اضافة الى الكلى والدماغ (73,74) يدعو الى الاعتقاد بأن قياس نشاطه في الدم يعطي معلومات تشخيصية عن الآفات الكبدية بشكل أدق مما يعكسه نشاط GPT و GOT الموزعة بكثير من الأنسجة ، (109) حيث أن ارتفاع مستوى نشاط G. في المصل اكثر من ١٠ وحدات عالمية/ لتر في حالة تضرر الخلايا الكبدية التي تشمل حالات التهاب الكبد الفيروسي الحاد ، التهاب الكبد الفيروسي المستمر المصحوب بضمور في الكبد ، مخالطات الانسداد اليرقاني ، حالات سرطان الأعور الغدية المصحوبة باحتقان الكبد المزمن ، وسرطان نهاية البنكرياس المصحوب بالانسداد ، بينما كان نشاط G. في مصل المرضى المصابين بالتشحم والانسداد اليرقاني البسيط والتهاب القنوات الصفراوية

الصاعد وحمى التيفوئيد وحالة قرحة الاثني عشرى الحادة والثلاثة أشهر الاخيرة من الحمل أقل من ١٠ وحدات/ لتر •(110)

ان المعلومات المتوفرة حاليا بخصوص أهمية نشاط G. تؤكد امتلاكه قيمة عالية في التميز التشخيصي بين اليرقان الباطني واليرقان الجراحي •(113,112,111,109)

أما أنزيم ADA المصلي فيحتفظ بمستوى نشاطه الطبيعي في مصل المصابين بأمراض الانسدادات اليرقانية (كتحصى الصفراء) (86) في حين سجلت أعلى فعالية لـ ADA في مصل المصابين بالتهاب الكبد الفيروسي وأمراض الانسدادات الخبيثة (81,86,111,110,114) (115) وبلغت الفعالية بحدود ٦٩٫٣٨ وحدة/ لتر (٤٦٫١ ∓) وتبرز هنا أهمية الانزيم في التميز بين اليرقان الجراحي والباطني •(71,17)

ويرتفع نشاط ADA المصلي في أغلب الحالات السرطانية،(116) بينما في دراسات أخرى لوحظ ارتفاع مستوى الانزيم في ١٥٪ من الحالات السرطانية فقط والدراسات اللاحقة أثبتت زيادة حالات ارتفاع فعاليته في مصل مرضى سرطان المثانة وسرطان البروستات •(117,17)

ان فعالية الانزيم ADA في مصل مرضى تشمع الكبد وداء وحيدات النواة الخمجي والأمراض السرطانية والتهاب الكبد الفيروسي ، تزداد بشكل واضح وكبير •(118) كما سجلت زيادة

ملحوظة في نشاط .G في مصل مرضى التدرن الدخني والحمى الرثوية وفقر الدم الانحلالي (119) ومرض الصباغ الدموي (120) •

وكما وجد أن نشاط اكثر من ٢٠٠ وحدة/ لتر في مصل المصابين بحمى التيفوئيد 115(123-121) •

ان زيادة نشاط هذا الانزيم في المصل تعكس صورة عامة عن الامراض المذكورة أعلاه • كما ان ل ADA مجالات جديدة في التطبيق السريري ، فلقد وجد أن النقص الحاصل في فعاليته أو انعدامها في أحيان أخرى في كريات الدم الحمراء ينم عن وجود أحد أمراض نقص المناعية الصارم وبشكل خاص عند الاطفال (96) ، ومثل هؤلاء المرضى يعانون من نقص في كلا من المناعة الخلوية والدورانية ويتصف هذا المرض سريريا بتكرر الاصابة بالامراض ويؤدي عادة الى الموت (124) •

و ــ الصفات الحركية ل .G و ADA

١ ــ خصوصية المادة الاساس

يميء أنزيم .G ال Guanine باعتبارها مادته الاساس الرئيسية وكذلك يعمل على تميء 8-azaguanine وبعض البيورينات المشابهه لهما (101,125)

ولايمكنه تميء Adenine ، Guanylic acids ، Guanosine ، Adenosine و Adenylic acid (126,74)

أما أنزيم ADA فانه يتفاعل مع ال Adenosine باعتبارها مادته الأساس الرئيسية اضافة الى عدد من النيكلوسايدات المشابهه لل Adenosine (127-129) ، وقد اشارت الدراسات المقارنة بأن ADA من المصادر المختلفة يبدى اختلافا في خصوصية المادة الأساس (128) اضافة الى الاختلافات في درجة الأس الهيدروجيني المثلى وحركته في الترحيل الكهربائي خلال دراسة الانزيم في أنسجة ٦ أنواع من اللبائن (130) ، كما وجد اختلاف في خصوصية المادة الأساس لـ ADA من الأنسجة المختلفة ضمن الكائن الحي الواحد (131) . كما أن ADA المستخلص من الاثني عشري وكبد الدجاج والضفدع في كل من خصوصية المادة الأساس وطاقة التنشيط الظاهري (133,132) . كما يقوم ADA في البكتريا والفطريات بتميء Adenine phosphate والأنزيم المستخلص من اللبائن يعمل على تميء deoxy adenosine اضافة الى مادته الأساس Adenosine (132,134) وينزع الأنزيم المستخرج من أمعاء العجل وقلب الثور الكلور من مشابهات 6-chloro adenosine (135,136) .

٢ ــ قياس Km والسرعة القصوى

تم قياس ال Km لمادة Guanine و 8-azaguanine

فكانت ٥ × ١٠^-٦ مولر و ٧ × ١٠^-٥ مولر عند استعمال XOD في قياس فعالية G. (127)

وكذلك وجد أن سرعة G. لاتعتمد على تركيز المادة الأساس بحدود ٦٦ — ٤٩٠ مايكرومولر حيث أن نشاط أنزيم G. في التراكيز التالية لهذه الحدود من تركيز Guanine تولد ثبتا على فعالية الانزيم . (71)

ان العلاقة بين تركيز Guanine 8-azaguanine ونشاط الانزيم G. تعطي شكل زائدى المقطع وتخضع لمعادلة ميكيليس منتن . (17) الا أن متناظراته المفصولة من دماغ الفأر أعطى احدها شكلا سيسي المقطع في حين خضع الاخر الى معادلة ميكيليس منتن . (88,87) أما قيمة Km لـ G. المستخلص من كريات الدم الحمر في الفأر فكانت ٤٠ × ١٠^-٦ مولر (137) ولانزيم المصل ٣ر٥ × ١٠^-٦ مولر من تركيز ال Guanine (138) وتتغير هذه القيم حسب الطريقة المستعملة لقياس نشاطه ، فعند استعمال الطريقة اللونية كانت قيمة Km ٤٤ر١ ملي مولر لأنزيم كبد الانسان ١٧٤ر٠ ملي مولر لانزيم مصل الانسان . (101)

أما ADA فكانت علاقة فعاليته مع تركيز Adenosine مطابقة للشكل الزائدى المقطع وتخضع لمعادلة ميكيليس منتن . (139) وقد سجلت زيادة في قيمة Km عند رفع درجة

حرارة التفاعل من ٨ ر٢٠ م° – ١ر٤٨ م° تصل الى الضعف عند استعمال ADA المستخرج من بطانة أمعاء العجل والدجاج (132) .

٣ – تأثير درجة الحرارة

يزداد نشاط G. عند رفع درجة الحرارة بمعامل مقداره ٢ر٤ بين درجة ٢٥ – ٣٧ م° (71) ، أما بالنسبة ل ADA فان سرعة التفاعل تزداد عند رفع درجة الحرارة ولغاية ٦٤ م° وان سرعة التفاعل في درجة ٣٧ م° هي ٢ر٥ مرة اكثر من سرعة التفاعل في ٢٥م° (86) .

٤ – تأثير درجة الأس الهيدروجيني

يعمل G. بدرجة أس هيدروجيني تتراوح بين ٦ – ١٠ ودرجة أس هيدروجيني مثلى ٨ في منظم الفوسفات ذو تركيز ٠٥ ر٠ من الوزن الجزيئي الغرامي في (71) حين كانت درجة الأس الهيدروجيني المثلى ل G. عند استعمال 8-azaguanine ٣٨ ر٦ (101) .

ان درجة الأس الهيدروجيني ل ADA المصلي ٥ ر٦ ووجد أن نشاطه يختزل الى $\frac{٢}{٣}$ في أس هيدروجيني ٢ ر٥ و ٨ ر٧ ووجد اختلافا واضح في درجة الأس الهيدروجيني المثلى لأنزيم المصل البشري وبقية الأنسجة الانسجة البشرية (140,139) .

ان درجة الاس الهيد روجيني المثلى ل ADA المنقى من بطانة أمعاء العجل بلغت ٧ر٠ وعند الوصول الى درجة أس هيدروجيني ٨ تبقى ٩٧٪ من الفعالية و ٧٥٪ منها في درجة أس هيد روجيني ٦ر٠ (141)

ان درجة الاس الهيد روجيني المثلى ل ADA المصلي في الكلب ٨ر٦ والارنب ٦ر٦ (141) وقد درس تأثير درجة الاس الهيد روجيني على قيمة Km للانزيم المنقى من أمعاء العجل وأبدت ثبوتا في حدود ٣ر٧ — ٥ر٥ من درجات الاس الهيد روجيني وانخفضت قيمة Km في حدود ٣ر٩ — ٣ر٧ من درجة الاس الهيد روجيني (138)

٥ — التثبيط

درس التثبيط ل G. ودرجته وانواعه مع تعيين ثابت التثبيط لكثير من المواد والمركبات المشابه والتي لاتشبه المادة الأساس ، ومن ضمن هذه الدراسات ان كبتا تنافسيا تولده مادة p-chloromercuri benzoate على ADA والذى من خلاله تم استنتاج أن هنالك مجموعتين فعالتين من الثايول على الاقل في كل جزيئة من ADA . (143,142)

ان المسح العلمي لـ G. و ADA يؤكد عدم وجود دراسات عن تأثير الأمراض المختلفة على الخواص الحركية للأنزيمين ومتنا ظراتهما في مصل المرضى والأشخاص الطبيعيين • كما ان مرض التهاب الكبد الفيروسي يعتبر من أمراض الكبد المهمة ، لطبيعته الوبائية ولامكانية تطور المرض بدون ظهور الأعراض السريرية الملفتة للانتباه كاليرقان أو الأعراض البادرية الأخرى ، وعدم وجود دراسات أنزيمية وافية عنه خلال فترة المعالجة ، ولصعوبة اعطاء تفسيرات لكثير من التغيرات السريرية والكيميائية الحياتية التي تحصل أثناء فترة المعالجة • فقد تناولنا في هذه الرسالة دراسة التغيرات الحركية لأنزيمي G. و ADA اثناء فترة معالجة المرضى المصابين بالتهاب الفيروسي ، نظرا لأهمية هذين الانزيمين الوظيفية في عملية التمثيل الحيوي للبيورينات ولأهميتهما في تشخيص الكثير من الأمراض البشرية وخاصة تلك التي تصيب الكبد (74,112) • حيث أعتبر هذين الانزيمين من فحوصات وظائف الكبد المهمة والتي يمكن بواسطتها التميز بين الانواع المختلفة من أمراض الكبد والتفريق بين اليرقان الجراحي واليرقان الباطني (17,144,109) •

ان هذين الانزيمين (G. ، ADA) يعطيان مقياسا وثيقا وحساس عن حالة الكبد الصحية اكثر مما يعكسه قياس نشاط الانزيمات الناقلة لمجموعة الأمين والشائعة الاستعمال في العمل الروتيني في المستشفيات لكون الانزيمات الناقلة لمجموعة الأمين منتشرة في أنسجة الجسم بشكل واسع وعدم تخصصها في الكبد ، فيزداد نشاطها في كثير

من الأمراض غير الكبدية (مثل أحشاء العضلة القلبية ، احتقانات الدوران ، كلم العضلة وآفات الجهاز العصبي المركزي والحالات بعد الجراحية وحتى بعد التمارين الشاقة (113,111,74) ، لذا فهي لاتساهم في دقة التمييز والتشخيص السريري لكثير من أمراض الكبد ولعدم امكانية تتبع المرض من خلالها لأنها تعطي نشاط قليل الارتفاع جدا عن المستوى الطبيعي – كما في الحالات المزمنة والمتطورة من التهاب الكبد وقد ينعدم في أحيان أخرى .

ومن هنا برزت أهمية G. في تشخيص أمراض الكبد لعدم وجود هذا الانزيم في الانسجة العضلية أو الخلايا الدموية وتركزه في الكبد (71) اكثر من الانزيمات الناقلة لمجموعة الأمين وطريقة قياس نشاطه لاتستغرق اكثر من ٢٠ دقيقة . وتطرق البحث المشمول في الرسالة الى دراسة متنا لمرات الانزيمين في المصل بحالاتها المرضية والاعتيادية .

الفصـــل الثانـــي

تجارب البحـــث

أ ـ المـواد المسـتعملة

تشمل المواد المستعملة في البحث على المواد الكيمياويـة ، العينات والأجهـزة .

١ ـ المـواد الكيمياويـة

استوردت مادتـي الأسـاس Guanine و 8-azaguanine لـ G. مـن شـركة BDH ومـادة الأسـاس Adenosine لـ ADA مـن شـركة Fluka ، أما مـادة sephadex G200 فقد اشتريت من شركة Pharmacia Fine Chemicals واستوردت كافة المواد الكيمياوية الاخرى من شركة BDH ماعـدا مـادة الفينول التـي تـم اسـتيرادها مـن شـركة Hopkin and Williams LTD .

٢ ـ العينـات

تم الحصول على عينات مصل الدم من خلال متابعـة (٥٨) مريض من المصابيـن بالتهاب الكبد الفيروسي الحاد والراقديـن في مستشفى الرشيد العسكري والذيـن تـم تشخيصهم من قبل الأطباء الاختصاصيين كما ورد في كتـاب المستشفى المذكور في بداية الرسالة . وأخذت تلك العينات

ضمن جدول زمني ، حيث يبتدأ أخذ أول عينه من المريض حال دخوله الردهه بعد التشخيص وقبل البدء بمعالجته ، وتؤخذ العينات التالية بفترات زمنية ثابتة ، وتستمر المتابعة لغاية خروج المريض من المستشفى وغالبا ماتكون فترة مكوث المريض ٢٨ ــ ٣٥ يوما ، ويتم سحب (١٠ سم٣) من الدم في كل مرة من الوريد من عزمة المرفق الأمامية بواسطة حنقة بلاستيكية (النوع الذى يستعمل لمرة واحدة) وتحفظ العينة في درجة حرارة الغرفة (٢٥ م°) ولمدة ساعتين ليتم تخثر الدم بعدها ، توضع الأنبوبة في جهاز الطرد المركزى وتعرض لسرعة (٣٠٠٠ دورة بالدقيقة) ليتم فصل الدم عن الخثرة ، وقد أجريت التجارب على هذه العينات في نفس اليوم الذى تم فيه الحصول عليها . أما عينات الدم الطبيعية فقد تم الحصول على غالبيتها من طلاب كلية العلوم الأحياء وقد فصلت بنفس الطريقة أعلاه .

٣ الأجهزة المستعملة

أ) جهاز المطياف نوع Beckman Acta M IV

UV-visible and near IR research spectrophotometer

مطياف الأشعة فوق البنفسجية ، المرئية والقريبة من الاشعة تحت الحمراء يعطي النتائج مباشرة على شاشة

ضوئية ، ويعمل الجهاز أما بطريقة الشعاع المنفرد أو الشعاع المزدوج . وقد صمم الجهاز للقياس السريع والدقيق لمقدار الامتصاص ، التركيز ونفاذية المادة المطلوب قياسها في منطقتين من الشعاع الضوئي وهما فوق البنفسجية ـ المرئية ذات طول من ١٩٠ ملي مايكرون ـ ٨٠٠ ملي مايكرون والمنطقة القريبة من الأشعة تحت الحمراء ذات طول ٨٠٠ ـ ٣٠٠٠ ، ويستعمل الجهاز لقياس المواد بحالات متعددة منها السائلة والصلبة والغازية . وذو حساسية عالية جدا تصل الى ٠٠٠٩ ر٠ من القراءات الممكن الحصول عليها .

ب ـ جهاز الهجرة الكهربائية

Beckman-Miorozone Electrophoresis

يستعمل هذا الجهاز لفصل البروتينات الموجودة في مصل الدم والاجزاء المختلفة الناضحة خلال الجل G200 أثناء عملية فصل متناظرات G٥ و ADA من المصل وتتم عملية فصل البروتينات بوجود منظم Barbitol ذو درجة أس هيدروجيني ٦ ر٨ عند امرار التيار الكهربائي . ومن ثم تصبغ الأجزاء المفصولة على ورقة السليلوز المتعددة الأستيات بمعاملتها مع الاصباغ المثبتة والتراكيز التاليـة : ـ

٢ر٠٪ من الوزن صبغة Ponceau-s ، ٣٪ من الوزن TCAو ٣٪ بالوزن حمض sulfosalicylic ، بعد ذلك تغمر في ٥٪ محلول حامض الخليك وثم بالكحول • وتفحص على ٥٢٠ ± ١٠ نانوميتر بجهاز ملحق لقياس تركيز البروتينات •

جـ ــ جهاز الطرد المركزي نوع Janetski T_5 لفصل المصل من الدم المتخثر بسرعة ٣٠٠٠ دورة بالدقيقة •

د ــ جهاز قياس درجة الأس الهيدروجيني نوع Beckman pH meter SS-1 لمعرفة وتثبيت درجة الأس الهيدروجيني للمنظمات والمحاليل الأخرى •

هـ ــ حمام مائي نوع Laboratory Thermal Equipment LTD. Grenfield NR alpham water bath لحضن أنابيب التفاعل في الدرجة الحرارية المطلوبة •

ب ــ التحاليل المستعملة

١ ــ قياس نشاط .G و ADA و XOD

أ ــ قياس نشاط .G بالطريقة الطيفية

استعملت طريقة كويست المحورة لطريقة كلكار وتتضمن متابعة ناتج التفاعل عند الموجة ذات طول قدره ٢٩٠ نانوميتر من خلال الزيادة في امتصاص حامض اليوريك حسب المعادلة التالية : ــ

$$\text{Guanine} + H_2O \xrightarrow{\text{G.}} \text{xanthine} + NH_3$$

$$\text{xanthine} + O_2 + H_2O \xrightarrow{\text{XOD}} \text{urine acid} + H_2O_2$$

ويعبر عن نشاط .G بالوحدات العالمية في لتر من المصل : (كمية الأنزيم التي تحرر ١ × ١٠$^{-٦}$ من الوزن الجزيئي الغرامي من حامض البوريك من التفاعل في الدقيقة الواحدة) •

طريقة العمل : ــ

تم مزج المواد المشتركة في التفاعل حسب التسلسل التالي : ــ

تسلسل	المواد التي توضع في خلية الجهاز مباشرة	الحجم سم٣
١	محلول Guanine مع المنظم	٣
٢	عالق XOD	٠٥ر٠
تمزج جيدا ، والانتظار لمدة ٥ دقائق في حمام مائي ٣٧ ْم		
٣	المصل	٠٥ر٠

تمزج المحتويات جيدا ، يقرأ الامتصاص بعد ضبط الوقت بالساعة ، ثم بعد ١٠ ، ٢٠ و ٣٠ دقيقة يعاد قراءة الامتصاص مرة أخرى ٠

يؤخذ مقدار التغير في الامتصاص خلال ٣٠ دقيقة على طول موجه ٢٩٠ نانوميتر ٠

أما كفي الكاشف نيتكون من ٣ سم٣ من منظم Tris و ٠٥ر٠ سم٣ محلول XOD موضوعة في خلية الجهاز الثابتة ٠

الحسابات :

عدد وحدات .G في لتر من المصل =

معدل الامتصاص بالدقيقة الواحدة × ١٠٠٠ × الحجم الكلي لخليط التفاعل
____
معامل امتصاص حامض اليوريك × عرض خلية الجهاز × حجم مصل الدم في التفاعل

= معدل الامتصاص/ الدقيقة × ١٠٠٠ × ١ر٣
____
٢٥ر٧ × ١ × ٠٥ر٠

= معدل الامتصاص/ الدقيقة × ٨٥٥٢

المحاليل المستعملة

أ ـ محلول Guanine (تركيز ٠٣ر١ × ١٠ ^٣ـ^ من الوزن الجزيئي الغرامي :

يحضر بأذابة ١٦ ملغرام من Guanine في قليل من محلول هيدروكسيد الصوديوم ثم يكمل حجم المحلول الى ١٠٠ سم٣ بالماء المقطر في دورق حجمي ٠

ب ـ المنظم (Tris) Tris-hydroxymethyl aminomethane

(تركيزه ١ر٠ من الوزن الجزيئي الغرامي (ودرجة أس هيدروجيني ٨ ٠

يحضر بأذابة ٦٫٠٥٧ غرام من (Tris) في ٢٠٠ سم٣ من الماء المقطر ويضاف اليها ٢٦٨ سم٣ من ١ر٠ N حامض الهيدروكلوريك ويكمل الحجم الى ٥٠٠ سم٣ بالماء المقطر في دورق حجمي .

جـ — محلول الـ Guanine المنظم بـ (Tris) (تركيزه ٩٠ × ١٠$^{-٣}$ الوزن الجزيئي الغرامي من Tris و ٣٫٠١ × ١٠$^{-٦}$ من الوزن الجزيئي الغرامي من Guanine) . يحضر بتخفيف حجم واحد من محلول Guanine (أ) بتسع حجوم من محلول Tris (ب) ويتم هذا التحضير يوميـا .

د — محلول XOD (تركيزه ٢ — ٢٫٥ ملغرام بروتيني / سم٣) يحضر بتخفيف عالق خزين هذا الانزيم بالمنظم Tris (ب) بنفس النسبة من الحجوم وحيث تكون فعاليته بحدود ١ — ١٫٥ وحدة عالمية / سم٣ (بدرجة ٢٥ °م) .

هـ — محلول ١ N هيدروكسيد الصوديوم : يحضر بتخفيف أمولات جاهزة من هيدروكسيد الصوديوم الى ٥٠٠ سم٣ من الماء المقطر في دورق حجمي . أو اذابة ٤٠ غرام من هيدروكسيد الصوديوم لكل لتر من الماء المقطر .

و — محلول ٠١ N حامض الهيدروكلوريك : يحضر بمزج ٨٫٥٨ سم٣ من حامض الهيدروكلوريك (تركيز ٣٦٫٤٦٪) مع الماء المقطر واكمال الحجم الى ١٠٠٠ سم٣ بالماء المقطر كذلك .

ب ـ طريقة قياس نشاط XOD

طريقة تقدير نشاط XOD في هذه الطريقة على قياس كمية حامض اليوريك الناتجة من ال Hypoxanthine تحت تأثير الأنزيم ، من خلال قياس الزيادة في الامتصاص في ٢٩٠ ملي مايكرون .

$$Hypoxanthine + H_2O + O_2 \xrightarrow{XOD} xanthine + H_2O_2$$

$$xanthine + O_2 + H_2O \xrightarrow{XOD} uric\ acid + H_2O_2$$

طريقة العمل : توضح المواد أدناه والمشتركة في التفاعل في خلية الجهاز مباشرة وحسب التسلسل التالي : ـ

التسلسل	المادة	خلية الاختبار	خلية الضابط
١	منظم الفوسفات	٩ر١ سم٣	٩ ر١ سم٣
٢	ماء مقطر.	٠٠	٠٠ر١ سم٣
٣	محلول XOD	١ر٠ سم٣	١ر٠ سم٣
٤	محلول Hypoxanthine	٠٠ر١ سم٣	٠٠

تؤخذ القراءة كل دقيقة في درجة ٢٥ م° في طول موجة ٢٩٠ ملي مايكرون .

الحســـابات :

يعبــر عن نشـاط XOD بالوحدات العالميـة في السـنتمتر المكعـب ووحـدة نشـاط الانزيـم تمطـي 1×10^{-6} مـن الوزن الجزيئـي الغرامـي من حامض اليوريـك بالدقيقـة الواحـدة وفـي درجـة ٢٥ مْ ٠

عـدد وحـدات XOD / سـم٣ =

$$\frac{\text{٣ سـم٣} \times \text{١٠٠٠} \times \text{مقدار التغير بالامتصاص بالدقيقـة الواحـدة} \times \text{درجة التخفيف}}{\text{١ر٠ سـم٣} \times \text{٢٢ر١} \times 10^{4}}$$

عـدد الواحدات/ سـم٣ = ٦٧ر١٩ × معدل التغير بالدقيقة الواحدة

المحاليـــل المســـتعملة

١ ــ محلول XOD : يحضـر من تخفيـف عالق الانزيـم المسـتورد تركيـــز (٥ ملغم/سـم ٣) ١/ ٤٠ بالمـاء المقطـــر٠

٢ ــ منظم الفوسـفات (تركيزه ٥٠ر٠ من الوزن الجزيئي الغرامـي ، ودرجـة الاس الهيدروجيني ٢ر٨) ٠ يحضـر بأذابـة ٦٨ر٠ غرام مــــــن KH_2PO_4 فـي ٤٦ سـم٣ من ١ر٠ N هيدروكسـيد الصوديـــوم ثـم يكمـل الحجـم الى ١٠٠٠ سـم٣ في دروق حجمـي ٠

٣ ــ محلول Hypoxanthine (تركيزه ٠ر١٤٦ × ١٠⁻³ من الوزن
الجزيئي الغرامي) ٠

يحضر بأن أبة ١٠ ملغم من Hypoxanthine في
٥٠٠ سم٣ من الماء المقطر في دورق حجمي ٠

جـ ــ الطريقة اللونية لقياس نشاط ٠G

يعتمد تقدير نشاط ٠G في هذه الطريقة على قياس كمية
الأمونيا الناتجة من عملية Azaguanine-8 في نهايــة
حضانة التفاعل بطريقة برتوليت ذات الحساسية العالية بعد
اجراء بعض التحويرات في تراكيز المحاليل من قبل كراهـــام
وكولبرميسرك عـام ١٩٧٢ ٠

وقد أستعملت هذه الطريقة في العديد من الدراسـات
المتعلقة بــ ٠G ، كانت النتائج جيدة ومطابقة لما يحصل عليه
من نتائج عند استعمال الطريقة (١ ـ أ) والتي تعتمد على
استعمال Guanine ٠

8-azaguanine + H₂O $\xrightarrow{G.}$ 8-azaxanthine + NH₃

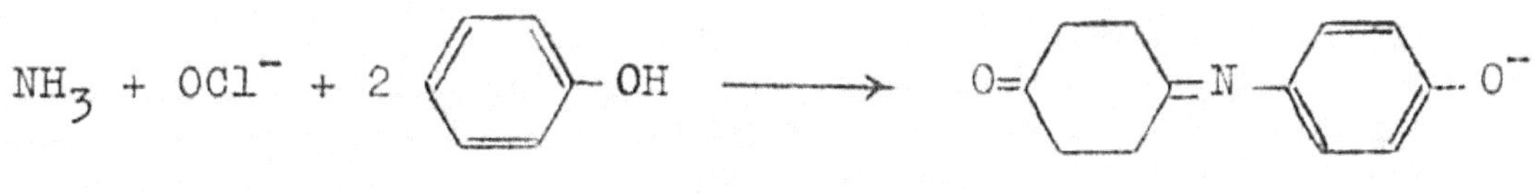

NH₃ + OCl⁻ + 2 ⬡-OH ⟶ O=⬡=N-⬡-O⁻

colour complex

طريقـــة العمـــل :

تحتـوى كـل تجربـة على أنابيـب الاختبار وفق التسلسل المذكـور في الجـدول التالــي :

ت	المــــادة	انبوب الاختبار	انبوب الضابط (سم ٣)	انبوب القياس	انبوب الكفي
١	محلول منظـم الفوسـفات	٩ر٠	٩ر٠	٩ر٠	٩ر٠
٢	مصل الـدم	٠٥ر٠	٠٥ر٠		
٣	مـاء مقطـر	—	٠٥ر٠	٠٥ر٠	٠٥ر٠
٤	محلول 8-aza-guanine	٠٥ر٠	—	—	—
	تحضن الانابيب لمدة ساعة واحدة في حمام مائي بدرجة ٣٧ مْ بعـد غلـق الانابيـب				
٥	محلول الفينول	٠٠ر١	٠٠ر١	٠٠ر١	٠٠ر١
٦	محلول Hypo-chlorite	٠٠ر١	٠٠ر١	٠٠ر١	٠٠ر١
	تحضن لمدة ٣٠ دقيقة في حمام مائي بدرجة ٣٧ مْ ٠ ثم يقرأ الامتصاص على طـول موجـه ٦٣٠ ملـي مايكـرون ٠				

الحسابات :

تحسب فعالية G. بالوحدات العالمية/ لتر من المصل ،

وتعرف الوحدة العالمية بأنها كمية الانزيم الذى يحرر ١ x ١٠ $^{-٦}$

من الوزن الجزيئي الغرامي من الأمونيا في الدقيقة الواحدة ٠

عدد الوحدات العالمية في لتر من المصل =

$$\frac{\text{قراءة الاختبار − قراءة الضابط}}{\text{قراءة القياس − قراءة كفي الكاشف}} \times \text{تركيز القياس في التفاعل} \times \frac{١}{\text{٦٠ دقيقة}} \times \frac{١٠٠٠}{\text{حجم المصل في التفاعل}} \times \text{معامل كبت تفاعل برثوليت في المصل}$$

$$= \frac{\text{الاختبار − الضابط}}{\text{القياس − كفي الكاشف}} \times \frac{٢ \times ٠٫٠٥}{١} \times \frac{١}{٦٠} \times \frac{١٠٠٠}{٠٫٠٥} \times ٠٫٠٦$$

$$= \frac{\text{الاختبار − الضابط}}{\text{القياس − كفي الكاشف}} \times ٣٥٫٣٣$$

المحاليـــل المستعملة

أ ـ المحلول المنظم الفوسفاتي (تركيزه ١ ر٠ من الوزن الجزيئي الغرامي ودرجة أس هيدروجيني ٦ ر١) .

يحضر محلول ١ ر٠ الوزن الجزيئي الغرامي من Na_2HPO_4 (بأذابة ١٩٦ ر١٤ غرام من Na_2HPO_4 في ١٠٠٠ سم٣ ماء خالي من الأمونيا) ومحلول ١ ر٠ من الوزن الجزيئي الغرامي من $NaH_2PO_4 \cdot 2H_2O$ (بأذابة ٦٠١ ر١٥ غرام من مادة $NaH_2PO_4 \cdot 2H_2O$ في ١٠٠٠ سم٣ ماء مقطر خالي من الأمونيا) ويخلط هذين المحلولين بنسبة يمكن الحصول فيها على درجة الأس الهيدروجيني المرغوبة (٦ ر١) مع احتفاظ المنظم بالتركيز المطلوب .

ب ـ محلول 8-azaguanine (بتركيز ٦ ر٧ × ١٠$^{-٢}$ من الوزن الجزيئي الغرامي) .

يحضر بأذابة ٠٢٥٤٨٠ ر٠ غرام من 8-azaguanine بقليل من محلول ١ N هيدروكسيد الصوديوم في دورق حجمي ثم اكمال الحجم الى ٢٥ سم٣ بماء مقطر خال من الأمونيا .

ج ـ محلول خزين الأمونيا القياسي (تركيز ٢ × ١٠$^{-٣}$ من الوزن الجزيئي الغرامي) .

يحضر بأذابة ٢١٤ ر١٣ غرام من كبريتات الامونيوم في ٥٠ سم٣ من الماء المقطر الخالي من الامونيا .

د — محلول phenol-nitroprusside

يحضر بأذابة ٥ ر١٢ غرام من الفينول + ٥ ر٦٢ غرام sodium nitroprusside في ٢٥٠ سم٣ من الماء المقطر الخالي من الامونيا .

هـ — محلول الهايبو كلورايت القلوي

يحضر بمزج ٥ ر٧ سم٣ من محلول هايبو كلورات الصوديوم و ١٦٥ سم٣ من محلول ١ N هيدروكسيد الصوديوم واكمال الحجم الى ٢٥٠ سم٣ بالماء المقطر الخالي من الامونيا .

و — الماء المقطر الخالي من الامونيا

يحضر بأذابة عدة حبيبات من برمنغنات البوتاسيوم في ١٠٠٠ سم٣ من الماء المقطر + ٢ — ٤ سم٣ من حامض الكبريتيك المركز ، ثم يعاد تقطير هذه الكمية من الماء مرة ثانية .

٢ — قياس نشاط ADA

يعتمد قياس نشاط ADA على كمية الامونيا المتحررة نتيجة تمسخ Adenosine الى Inosine . ويعتقد أن تقدير الامونيا اكثر سهولة من تقدير ال Inosine وحسب

طريقة كويست وكالتي والمطورة عن طريقة مارتنيك ويعبر عن نشاط ADA بالوحدات العالمية/ لتر من المصل .

طريقة العمل :

تحتوي كل تجربة على الانابيب الأربع وفق التسلسل المذكور في الجدول التالي :

ت	المادة	الاختبار	الضابط	القياس	الكفيء
١	منظم الفوسفات	—	—	—	٠٠ر١
٢	محلول Adenosine مع منظم الفوسفات	٠ر١	٠ر١	—	—
٣	محلول الأمونيا القياسي	—	—	٠ر١	—
٤	المصل	٠ر٠٥	—	—	—
٥	ماء مقطر	—	—	٠ر٠٥	٠ر٠٥
	تمزج محتويات الانابيب جيدا وتغلق وتحضن لمدة ٦٠ دقيقة في حمام مائي بدرجة ٣٧ °م .				
٦	محلول الفينول/ نتروبروسايد (محلول)	٠ر٣	٠ر٣	٠ر٣	٠ر٣
٧	مصل	—	٠ر٠٥	—	—
٨	محلول الهايبو كلورايت	٠ر٣	٠ر٣	٠ر٣	٠ر٣
	تحضن الانابيب لمدة ٣٠ دقيقة في حمام مائي بدرجة ٣٧ °م ثم يقرأ الامتصاص في طول موجة ٦٣٠ نانوميتر .				

الحسابات : تحسب فعالية ADA بالوحدات العالمية / لتر من مصل الدم حسب المعادلة التالية :

(تعرف الوحدة بأنها كمية الانزيم الذى يحرر واحد مايكرومول من الأمونيا في دقيقة واحدة من التفاعل) •

$$\text{وحدات ADA في اللتر} = \frac{\text{قراءة الاختبار} - \text{قراءة الضابط}}{\text{قراءة القياس} - \text{الكفيء}} \times ٠{,}١٥ \times \frac{١}{٦٠} \times \frac{١٠٠٠}{٠{,}٠٥}$$

$$= \frac{\text{قراءة الاختبار} - \text{قراءة الضابط}}{\text{القياس} - \text{الكفيء}} \times ٥٠$$

المحاليل المستعملة :

أ — المنظم الفوسفاتي (درجة أس هيدروجيني ٥ ر٦ وتركيز ٠٥ ر٠ من الوزن الجزيئي الغرامي) •

يحضر باذابة ٧٨ ٢٢٨ ر٢ غرام من مادة Na_2HPO_4 و ٣٤٦٩١ ر٥ غرام من $NaH_2PO_4 \cdot 2H_2O$ في ماء مقطر يغلي وخالي من الأمونيا ومن ثم يكمل الحجم الى ١٠٠٠ سم٣ من الماء المقطر الخالي من الأمونيا •

ب — محلول كبريتات الأمونيا الخزين (تركيزه ٥ ر١ × $١٠^{-٢}$ من الوزن الجزيئي الغرامي) •

ويحضر باذابة ٤٩٥٥ ر٠ غرام من كبريتات الأمونيوم اللامائية في ٢٥٠ سم٣ ماء خالي من الأمونيا .

ج - محلول الأمونيا القياسي (تركيزه ٧٥ ر٠ × ١٠ $^{-4}$ من الوزن الجزيئي الغرامي) .

يحضر باضافة ٥ ر٠ سم٣ من محلول (ب) الى ٩٩٫٥ سم٣ من الماء المقطر الخالي من الأمونيا .

د - محلول الفينول phenol-nitroprusside تركيزه ١٠٦ ر٠ من الوزن الجزيئي الغرامي للفينول و ١٧ ر٠ × ١٠ $^{-3}$ من الوزن الجزيئي الغرامي لل sodium nitroprusside .

يحضر باذابة ١٠ غرام من الفينول و ٥٠ ملغرام من مادة نايتروبروسايدات الصوديوم في ١٠٠٠ سم٣ من الماء المقطر الخالي من الأمونيا .

هـ - محلول الهايبوكلورايت القلوي (تركيزه ٠١١ ر٠ من الوزن الجزيئي الغرامي لـ NaOCl و ١٢٥ ر٠ من الوزن الجزيئي الغرامي لهيدروكسيد الصوديوم) .

ويحضر بمزج ١٢٥ سم٣ من ١ ع هيدروكسيد الصوديوم مع ١٦٫٤ سم٣ من محلول NaOCl وتكميل الحجم الى ١٠٠٠ سم٣ بالماء الخالي من الأمونيا .

٢ ـ قيـاس الثوابـت الحركيـة

أ ـ دراسـة تركيز Guanine الأمثـل لـ G. في مصـل الأصحـاء والمصابيـن بالتهـاب الكبـد الفيروسـي .

أستعملت الطريقـة الطيفيـة المذكورة في الجزء (ب ـ ١ ـ أ) من هذا الفصـل بقيـاس نشـاط ، حيـث يتكـون خليط التفاعـل مـن ٣ سم٣ من محلول Guanine مع المنظـم .Tris و ٠ر٠٥ سم٣ من محلول XOD و ٠ر٠٥ سم٣ من المصـل . ان تراكيـــز ال Guanine المستعملة هـي ٢ × $١٠^{-٥}$ ، ٦ × $١٠^{-٥}$ ، ٨ × $١٠^{-٥}$ ، ٩ × $١٠^{-٥}$ ، ١ر٠ × $١٠^{-٤}$ ، ١ر١٦ × $١٠^{-٤}$ ، ١ر٢ × $١٠^{-٤}$ ، ١ر٤٤ × $١٠^{-٤}$ ، و ٣ × $١٠^{-٤}$ مـن الـوزن الجزيئـي الغرامـي لـ Guanine .

أما كفـيء الكاشـف سيحتـوى على ٣ سم٣ من منظـم .Tris و ٠ر٠٥ سم٣ مـن مصـل الـدم .

ب ـ دراسـة تركيـز 8-azaguanine الأمثـل لـ G. في المصـل (في درجة ٣٧ مْ ودرجة أس هيد روجيني ٦ر١) .

استعملت الطريقـة اللونيـة المذكورة في الجزء (أ ـ ٢) لقيـاس

نشـاط G. في المصـل مـع اجـراء تحويـر فـي أصـل طريقـة العمـل بتقديـم اضافـة المـادة الاسـاس على اضافـة المصـل لامكانيـة التوسـع في تغيـر التراكيـز. ١ سـم٣ مـن خليـط التفاعـل في انبـوب الاختبـار يتكـون مـن ٩٥ ر٠ سـم٣ محلول المـادة الاسـاس مـع الملطف الفوسفاتي (ذو تركيـز ١ ر٠ مـن وزنـه الجزيئي الغرامي بدرجـة أس هيدروجيني ٦ر١) و ٠٥ر٠ سـم٣ مـن المصـل .

ان تراكيـز المادة الاسـاس المستعملة في هذه التجربـة هـي ٣ر٥ × $١٠^{-٤}$ ، ٥ × $١٠^{-٤}$ ، ١ × $١٠^{-٣}$ ، ٢ × $١٠^{-٣}$ ، ٢ر٥ × $١٠^{-٣}$ ، ٣ × $١٠^{-٣}$ ، ٣ر٢٥ × $١٠^{-٣}$ ، ٣ر٥ × $١٠^{-٣}$ ، ٣ر٧٥ × $١٠^{-٣}$ و ٤ × $١٠^{-٣}$ من الوزن الجزيئي الغرامي لمادة 8-azaguanine .

أما الضابط control فيحتوى نفس التراكيز من المادة الاساس المذكورة في انبـوب الاختبـار Test ، وتحافظ أنابيب كفيء الكاشـف والقياس على محتوياتهـا المألوفـة فـي (أ ـ ٢) .

جـ ـ دراسـة تركيـز Adenosine الامثل ل ADA في المصـل بدرجـة ٣٧ م° .

استعملت الطريقـة اللونيـة المذكورة في الجزء (أ ـ ٣) لقيـاس نشـاط ADA في المصـل ، يتكـون خليـط التفاعـل في انبوبـة الاختبار

Test من ١ سم٣ من محلول المادة الأساس والملطف الفوسفاتي (ذو درجة أس هيدروجيني ٥ر٦ وتركيز ٠٥ر٠ من الوزن الجزيئي الغرامي) و ٠٥ر٠ سم٣ من المصل ، واستعملت التراكيز التالية من Adenosine : ٥ر٠ ، ٥ر٢ ، ٥ ، ١٠ ، ٥ر١٢ ، ١٥ ، ٥ر١٧ ، ٢٠ ، ٥ر٢٢ ، ٢٥ من ($\frac{١}{١٠٠٠}$) من وزنها الجزيئي الغرامي .

أما الضابط control فيحتوي نفس التراكيز من المادة الأساس المذكورة في الاختبار Test ، ومحتويات كفيء الكاشف وأنبوب القياس فتحتفظ بنفس التراكيز من محتوياتها المذكورة في الجزء (أ ـ ٣)

د ـ قياس Km لـ Guanine تحت تأثير G. : ثم قياس قيمة Km لـ Guanine في المصل ، واستعملت الطريقة المذكورة في الجزء (ب ـ ١) ان تراكيز Guanine المستعملة يتراوح بين صفر الى ٣ × ١٠$^{-٤}$ من وزنها الجزيئي الغرامي بوجود منظم Tris وذو درجة الأس الهيدروجيني ٨ وتركيز ١ ر٠ من وزنه الجزيئي الغرامي ويعبر عن نشاط الانزيم بالوحدة العالمية/ لتر من المصل .

هـ ــ قياس Km ل 8-azaguanine في المصل ٠

استعملت في هذه الدراسة الطريقة المذكورة في الجزء (ب ــ ١) من هذا الفصل ٠ ان تراكيز 8-azaguanine يتراوح بين ٥ر٠ × ١٠$^{-٣}$ الى ٥ر٣ × ١٠$^{-٣}$ من وزنها الجزيئي الغرامي بوجود المنظم الفوسفاتي ذو تركيز ١ر٠ من وزنن الجزيئي الغرامي وذو درجة الأس الهيدروجيني ١ر٦ ويعبر عن نشاط الانزيم بالوحدة العالمية/ لتر ٠

و ــ قياس Km ل Adenosine في المصل تحت تأثير ADA (في درجة ٣٧ ْم) ٠

استعملت الطريقة في الجزء (ب ــ ١) ٠ ان تراكيز Adenosine المستعملة يتراوح بين ٥ ر٠ الى ٢٥ من $\frac{١}{١٠٠٠}$ من وزنها الجزيئي الغرامي بدرجة أس هيدروجيني ٥ ر٦ ٠

وقد كررت التجارب عدة مرات في الدراسات الثلاثة (د) ،(هـ) و (و) من (ب ــ ٢) وذلك للحصول على القيمة الدقيقة ل Km ، وقد استعملت الطرق التالية للرسم لغرض الحصول على قيمة

١ ـ طريقة لنويفر والتي تربط القيم العكسية لكل من السرعة وتركيز المادة الأساس .

٢ ـ الطريقة الخطية المباشرة والتي اقترحها ايزنثال وكورنشن بودن .

ز ـ تأثير درجة الأس الهيدروجيني على قيمة Km والسرعة القصوى لـ G. في المصل . بدرجة ٣٧ °م .

أ) استعملت الطريقة المذكورة في الجزء (ب ـ ٢) د لقياس لمادة Guanine ، وتم تعيين Km لهذه المادة في عدة درجات أس هيدروجيني لمنظم الـ Tris تراوحت من ٧٫٢ الى ٩٫٠٠ وذو تركيز ١٫٠ × ١٠^-٣ من وزنه الجزيئي الغرامي .

ب) استعملت الطريقة المذكورة في الجزء (ب ـ ٢) هـ لقياس Km لمادة 8-azaguanine ، وتم تعيين Km لهذه المادة في عدة درجات أس هيدروجيني لمنظم الفوسفات : تراوحت من ٥٫٧ الى ٨٫٢ وتركيز ١٫٠ × ١٠^-٣ من وزنه الجزيئي الغرامي .

ك ـ تأثير درجة الأس الهيدروجيني على قيمة Km والسرعة القصوى لـ ADA في المصل (في درجة ٣٧ مº) .

استعملت الطريقة المذكورة في الجزء (ب ـ ٢) والمتعلقة بتعيين قيمة Km للـ Adenosine ، وتم قياس Km في عدة درجات أس هيدروجيني من منظم الفوسفات : تراوحت من ٧ر٥ الى ٢ر٨ وذو تركيز ٠٥ر٠ من وزنه الجزيئي الغرامي .

ل ـ دراسة أثر درجة حرارة حضن التفاعل على قيمة Km والسرعة القصوى لـ G. في المصل .

استعملت الطريقة المذكورة في الجزء (ب ـ ٢) هـ المتعلق بتعيين قيمة Km لـ 8-azaguanine ، مع استعمال عدة درجات حرارية لحضن التفاعل تراوحت من ١٠ مº الى ٨٠ مº ، استعملت نفس التراكيز والظروف الأخرى الواردة في (ب ـ ٢) هـ لغرض تعيين Km في مختلف درجات الحضن الحراري .

م ـ دراسة أثر درجة حضن التفاعل على قيم Km والسرعة القصوى لـ ADA في المصل .

استعملت الطريقة المذكورة في الجزء (ب ـ ٢) و المتعلقة بتعيين

قيمـــة Km ل Adenosine مـع أخذ التجربـة في عـدة درجـات حراريـة تـراوحت مـن ١٠ م° ـ ٨٠ م° ، واستعملت التراكيز الواردة في (ب ـ ٢) ومـن مـادة الأسـاس لتعيـن Km في مختلـف الدرجـات الحراريـة التـي خضـع اليهـا التفاعل الانزيمـي أثنـاء الحضـن .

٣ ـ فصـل متناظـرات G٠ و ADA من مصـل الأصحـاء والمصابيـن بالتهـاب الكبـد الفيروسـي وقيـاس نشـاطها في الظـروف المثلـى .

استعملت طريقـة خاصـة في فصـل المتناظـرات التابعة ل G٠ و ADA بمـادة الترشـيح الهلامـي نـــوع G200 وخـلال عمليــة Column Chromatography للحصـول على فصـل أدق وواضـح لهــذه المتناظـرات .

المحاليـل المسـتعملة :

تستعمل المحاليـل التاليـة في هذه التجربـة :

أ ـ منظم الفوسفات بتركيـز ٠٢٠ ر٠ من وزنـه الجزيئـي الغرامي و ٠٠٢ ر٠ مـن الوزن الجزيئـي الغرامـي لمادة 2-mercaptoethanol : يحضـر باذابـة ٤٧٠٠٨ ر٢ غـرام من مـادة Na_2HPO_4 و ٩٦٥٧١ ر١ غرام مـن مـادة $NaH_2PO_4 \cdot 2H_2O$ و ١٥٦٢٦ ر٠ غـرام مـن

مادة 2-mercaptoethanol في ١٠٠٠ سم٣ من الماء المقطر ٠

ب ـ عالق مادة Sephadex G200

يعلق ٢ ـ ٥ ر٢ غرام من هذه المادة في ٢٥٠ سم٣ من المنظم الفوسفاتي (أ) ويترك العالق لمدة ساعة ليركد الجل الى الأسفل ويزاح المنظم مع العالق الصغيرة فيه ، ثم تعاد العملية مرة أخرى وبعدها يترك العالق في فائض من المنظم لمدة ٢٤ ساعة ليصل حجم الجزيئات الى الاستقرار ٠

طريقة العمل :

يستخدم column بقطر ٢ سم وطول ٤٠ سم ، تحشر في نهايته السفلى بعض الشعيرات من الصوف الزجاجي لمنع تسرب الجل الى خارج الانبوبة ، ثم يعبأ العالق في ال column ، بصورة بطيئه ومتجانسة لمنع تكون فقاعات الهواء والى ارتفاع ٢٥ سم ، بعدها نبدأ باضافة ٣٠٠ ـ ٥٠٠ سم٣ من المنظم لغسل الجل ٠ تضاف بعد عملية الغسل ٥ سم٣ من المصل الطبيعي أو المرضي ببطء فوق سطح العالق ويترك المصل ليتغلغل الى داخل الجل بعدها نبدأ بأضافة المنظم لنحصل على سرعة سريان من ال column قدرها ١ سم٣ / دقيقة ٠

يجمع كل ٣ سم٣ من المحلول الخارج من ال column في انبوبة

اختبار زجاجية منفصلة ، ثم تقاس فعالية G. ، ADA في هذه العينات باستعمال طرق القياس المذكورة في (ب ـ ١) من هذا الفصل .

٤ ـ قياس تراكيز البروتين

أعتمد في قياس تركيز البروتين في الاجزاء الناضجة على طريقة كلكار الطيفيه والتي يتم حساب كمية البروتين فيها من خلال طرح قراءة الامتصاص في الطول الموجي ٢٦٠ نانوميتر الخاص بأمتصاص الأحماض النووية من قراءة الامتصاص لنفس النموذج في طول موجي ٢٨٠ نانوميتر الذى يمثل قابلية أمتصاص البروتين .

وتحتسب كمية البروتين بالمعادلة التالية : ـ

تركيز البروتين (ملغم / سم٣) = ٥٥ ر١ × القراءة في طول موجة ٢٨٠ نانوميتر ـ ٧٦ر٠ × القراءة على طول موجه ٢٦٠

٥ ـ متابعة التغيرات الحركية لـ G. و ADA ومتناظراتهما أثناء فترة المعالجة .

أعتمدت متابعة التغيرات الحركية لـ G. و ADA ومتناظراتهما في مصل المرضى المصابين بالتهاب الكبد الفيروسي الحاد في هذا

البحث من خلال المتابعة الدقيقة والمستمرة على (٥٨) مريض من الراقدين في شعبة الحميات بمستشفى الرشيد العسكري • وتبدأ المتابعة حال دخول المريض الى الردهة بعد تحويله من قبل أطباء العيادة الخارجية في المستشفى ، حيث يخضع لفحص سريري دقيق من قبل الأطباء الاخصائيين في الشعبة ، ويدون الطبيب نبذة عن شكوى المريض وتأريخ المرض في نموذج استمارة الفحوص والعلاج الخاص بالمرضى الداخلين الى الردهة ، اضافة الى الملاحظات السريرية المتعلقة بحالة الكبد والوضع الصحي للمريض بشكل عام • ويطلب الطبيب في نفس النموذج أجراء بعض الفحوصات المختبرية المتعلقة بوظائف الكبد كنسبة البليروبين ، نشاط AP ونشاط GPT في المصل ملحق (١) والتحري عن صبغة البليروبين واليوروبلينوجين في الادرار وفحوصات أخرى عندما يتطلب الأمر الاحاطة ببعض الظواهر الخاصة •

ويوصى المريض من قبل الطبيب والعاملين في الردهة بالراحة التامة والالتزام ببرنامج الغذاء الخاص المذكور في ملحق (٢) • وتأتي نتائج الفحوصات المختبرية المطلوبة لتعزز الفحص السريري ، في الوقت الذى تكون فيه لدينا نتائج عن طبيعة نشاط G. و ADA أو أحدهما على الاقل •

وبعد التداول مع الطبيب الاخصائي للتوصل الى التشخيص النهائي وتثبيته ومن ثم تأشير اضبارة المريض ـ بكونه تحت المتابعة السريرية والمختبرية ولايجوز اخراجه من المستشفى الا بعد انتهاء المتابعة

وموافقة الطبيب الاخصائي .

وتستمر المتابعة مع تثبيت نتائج التحاليل المختبرية الأسبوعية الخاصة بمستشفى الرشيد المكسري (شعبة المختبر/ قسم الكيمياء الحياتية) الموجودة في محلق (١) اضافة الى عدد آخر من التحاليل الكيمياوية التي تعطي صورة واضحة على المخالطات المرضية الأخرى ان وجدت ، وتشمل هذه التحاليل : نسبة الكولسترول ، السكر ، اليوريا ، حامض اليوريك والكرايتنين بالدم ، والتي يتم قياسها أسبوعيا ولكافة المرضى المصابين بالتهاب الكبد الفيروسي بواسطة جهاز التحليل الذاتي نوع S.M.A. Plus Autoanalyzer اضافة الى الملاحظات السريرية اليومية ان وجدت وطبيعة العلاج اليومي المدونة من قبل الاخصائيين .

لقد اعتمد البحث أثناء فترة المتابعة على مقارنة النتائج المستحصلة عن التغيرات الخاصة بـ .G و ADA والحالة السريرية للمريض لغرض الوقوف على الابعاد التي تعكسها هذه التغيرات ، اضافة ، اضافة الى الدراسات الحركية التي تركزت على متابعة مجموعتين من المرضى المصابين بالتهاب الكبد الفيروسي الحاد اسبوعيا وهما :

المجموعة الأولى : وتشمل (١٤) مريض اقتصرت معالجته على الالتزام بالبرنامج الغذائي الخاص (ملحق ٢) والراحة التامة مع تناول فيتامين ب المركب بمعدل ٣٤٥ ملغم يوميا (ملحق ٣) .

المجموعة الثانية : وتشمل (٣٨ مريض) تم معالجتهم بالبرونز ولون اضافة للعلاج الخاص بالمجموعة الأولى ، وقد اعطي مركب البرونزولون لهؤلاء المرضى على شكل حبات عبوه (٥ ملغم) وبالجرعات الموضحة في (ملحق ٤) .

وقد تضمنت المتابعة الدراسات التالية :

أ ــ متابعة نشاط G. و ADA ، التراكيز المثلى ل Guanine ، 8-azaguanine و Adenosine وقيمة Km لهذه المواد الثلاثة في الظروف المثلى اثناء فترة معالجة بعض المرضى من المجموعتين الأولى والثانية .

ب ــ دراسة تأثير درجة الأس الهيدروجيني على السرعة القصوى ل G. Km 8-azaguanine أثناء فترة معالجة بعض المرضى المجموعة الثانية .

جـ ــ دراسة تأثير الأس الهيدروجيني على السرعة القصوى ل ADA و Km Adenosine أثناء معالجة بعض المرضى من المجموعة الثانية .

د ــ دراسة أثر درجات الحرارة المختلفة لحضن تفاعلي G. و ADA على السرعة القصوى لهما ، أثناء فترة معالجة بعض المرضى من المجموعة الثانية .

هـ ــ متابعة التغيرات الحاصلة في نشاط متناظرات G. و ADA اسبوعيا في مصل مرضى المجموعة الثانية .

حـ ــ ملحق بالفحوصات الكيميائية والعلاج :

ملحق (١)

بعـض النتائج المختبرية الخاصة بمختبر التحليلات المرضية بمستشفى الرشيد العسكري أثنـاء المعالجـة .

الملاحظات	تاريخ إجراء الفحص	نشاط AP ملي وحدة / سم٣	نشاط GPT وحدة عالمية / لتر	نسبة البليرومين ملغم %
من المجموعة الثانية	١٩٧٧/١/٨	١١٠	٢١٥	٣٥
	١٩٧٧/١/١٩	١٠٠	١٥٠	١٧ر٨
	١٩٧٧/١/٢٧	٧٥	١٦٦	٨ر٧
	١٩٧٧/٢/٦	٧٠	١٤٣	٤ر٥
	١٩٧٧/٢/١٥	٧٠	٥٢	٢ر٥
من المجموعة الأولى	١٩٧٧/١/١٠	٢٥٠	٢٠٠	٤ر٧
	١٩٧٧/١/١٩	٢٥٠	١٧٠	٧ر٥
	١٩٧٧/١/٢٧	٨٠	٥٥	٤ر٠
	١٩٧٧/٢/٦	٧٥	٣٠	٣ر٠
	١٩٧٧/٢/١٤	٧٥	٤٦	١ر٧
من المجموعة الثانية	١٩٧٧/١٠/٤	٢٢٠	٢٠٦	١٦
	١٩٧٧/١٠/٧	٢٠٠	١٩٠	١٦
	١٩٧٧/١٠/١٧	١٠٠	١٤٦	٢ر٤
	١٩٧٧/١٠/٢٧	٧٠	٦٢	٢
من المجموعة الثانية	١٩٧٦/١١/٢١	١٦٥	١٣٣	٢ر١٦
	١٩٧٦/١١/٢٩	٨٥	١٤٣	٥ر٧
	١٩٧٦/١٢/٧	٦٠	١٣٣	٣ر٧
	١٩٧٦/١٢/١٤	٥٥	٧٠	١ر٧
	١٩٧٧/١/١٢	ــ	٣٠	٠ر٩

ملحق (٢)

البرنامج الغذائي الخاص بمرض التهاب الكبد الفيروسي والمعد تحت اشراف لجنة طبية ، والمعمول في مطبخ مستشفى الرشيد العسكري ،وأدناه المصروف اليومي من هذا الغذاء والذي يشمل :

التسلسل	نوع الغذاء	وزنه بالغرام	يعطي من السعر الحرارية *	مكونات الغذاء بالغرامات		
				بروتين	دهن	كاربوهيدرات
١	بيض	١٠٠	١٦٢	١٢,٨	١١,٥	٠,٧
٢	مربى فواكه	٢٥	٨٥	٠,٠٧٥	٠,٠٥	٢١,٧
٣	حليب معقم	٥٠٠	٣٤٠	١٦,٥	١٩,٥	٢٤,٥
٤	عصير برتقال مع السكر	٥١٥	٢٧٧,٧٥	٤	١	٧٠,٤
٥	كلكوز بالماء	١٠٠	٣٧٠	٠	٠	٩٩,٥
٦	فاكهه	١٥٠	٨٧	٠,٤٥	٠,٦	٢٢,٣٥
٧	سكر بالشاى	٦٠	٢٣١	٠	٠	٥٩,٧
٨	كعك أو بسكت	١٢٥	٤٩١	١٠	١٢,٥	٩٢,٨٧
٩	لحم دجاج	١٢٥	١٤٠	٢٥,٦	٣,٣٧	٠
١٠	كبد بقر	١٢٥	١٧٠	٢٤,٦	٤	٧,٥
١١	كباب لحم غنم	١٥٠	٥٤٦	٣٣	٤٥	٠
	المجموع	١٩٧٥	٢٩٠٠			٣٩٩,٢

* Burton, B. T. (1965) In the Heinz Handbook of nutrition, 2nd ed., p. 424, McGraw-Hill Book Company. New York, Toronto, Sydney, London.

ملحق (٣)

يعطي فيتامين (ب) المركب على شكل حبات مغلفة بالسكر وجرعة (٣) حبة يوميا وتحوى كل حبة على المكونات التالية :

المادة	الوزن بالملغرام
فيتامين ب ١	٢٠
فيتامين ب ٢	١٠
فيتامين ب ٦	١٠
فيتامين ب ١٢	١٠ مكروغرام
بانتوثنيات الكالسيوم	٢٥
نيكوتيناميد	٥٠

ملحق (٤)

تعطى أقراص البردنزولون* (عبوه ٥ ملغم) للمجموعة الثانية من المرضى المصابين بالتهاب الكبد الفيروسي الحاد ، وعلى النحو التالي :

تاريخ اعطاء الدواء	عدد الاقراص يوميا	الملاحظات
١٩٧٧/٣/١	١٠	يعادل ٥٠ ملغرام يوميا
١٩٧٧/٣/٦	٨	يعادل ٤٠ ملغرام يوميا
١٩٧٧/٣/١٣	٦	يعادل ٣٠ ملغرام يوميا
١٩٧٧/٣/١٩	٤	يعادل ٢٠ ملغرام يوميا
١٩٧٧/٣/٢٦	٢	يعادل ١٠ ملغرام يوميا
١٩٧٧/٣/٢٨	٠	انتهاء المعالجة بالبردنزولون

* يعطى العلاج بجرعة كبيرة في البداية ثم يتم اختزالها تدريجيا ٠

Chapter three

Tables

ـدول ـ ١

نشـاط الانزيمين G. و ADA في أمصال الاصحاء والمصابين بالتهاب الكبد الفيروسي الحاد ، والنسـ
ـما بينهمـا . (مقاسة في درجة ٣٧ مْ) .

ـلسل	مصل دم الاشخاص الطبيعيين			مصل دم المصابين بالتهاب الكبد الفيروسي الحاد			G./ADA	
	نشاط G.	نشاط ADA	العمر بالسنة	نشاط G.	نشاط ADA	العمر بالسنة	الاصحاء	المرضـ
	٢ر٨	١٥	٢٦	٥٠ر٣	٦٦ر٦	١٨	٠ر١٨	٠ر٧٥
	٢ر٦	١٧ر٣	٤٠	٤٦	٦٣ر٨	١٧	٠ر١٦	٠ر٧٢
	٢ر٧٢	١٤ر٢	١٥	٥١ر٢	٧٩ر٦	٣٨	٠ر٢٦	٠ر٦٤
	٢ر٥	١٧ر٥	١٣	٢٢ر٣	٨٣ر٢	٢١	٠ر١٤	٠ر٢٨
	٢ر٩	١٢ر٥	١٩	٣٥ر٦	٨٦ر٦	٤٠	٠ر١٢	٠ر٤١
	٠٠	١٨ر٢	٢٧	٣١	٦٤ر٢	٢٨	٠٠	٠ر٤٨
	٢ر٢	١٦	٢٧	٢٩ر٨	٥٦	٣٥	٠ر١٤	٠ر٥٣
	٢ر٥	١٥ر٤	٣٢	٤٠ر٦	٦٩ر٦	٢٥	٠ر١٦	٠ر٥٨

٩	١ر٨	٢١	٢٦	٥٣ر٢	٧٦	٤٢	٠ر١٨	٠ر٧
١٠	٢ر٣٢	١٢ر٥	١٤	٥٥	٨٠ر٦	٢٢	٠ر١٨	ر٦٨
١١	٣ر٥	١٣ر٢	١٨	٤٦	٧٣ر٢	١٨	٠ر٢٦	ر٦٢
١٢	٢ر٨	١٠ر٨	٢٧	٨٥	٩٩ر٥	٣٦	٠ر١٣	ر٨٥
١٣	١ر٨٥	١٨ر١	٢٤	٤٣	٧٠ر٨	١٧	٠ر١٠٢	ر٦٠
١٤	٠٠	١٦ر٨	٢٥	٤١	٦٦ر٠٠	١٨	٠٠	٠ر٦٢
١٥	٢ر٣٢	١٦ر٢	٢٤	٥٦	٦٩ر٣	١٩	٠ر١٤	٠ر٨
١٦	٢ر٨٢	١٥ر٣	٢٣	٣٠ر٨	٥٥ر٢	١٩	٠ر١٨	ر٥٥
١٧	٠٠	١٠	٢٧	٤٣ر٢	٧٩ر٢	٢٢	٠٠	٠ر٥٤
١٨	٠٠	١١ر٢	١٨	٤٨ر٢	٦٣ر٦	٢٣	٠٠	٠ر٧٥
١٩	٠٠	١٧ر٢	٢٨	٢٥ر٣	٦٨	٢٧	٠٠	٠ر٣٧
٢٠	٢ر٦٥	١٣ر٥	٣٠	٤٧	٧٠ر٦	٢٦	٠ر١٩	٠ر٦٦
٢١	٢ر٠٠	١٨	٢٥	٤٥ر١	٦٠ر٦	٢٤	٠ر١١	٠ر٧٣
٢٢	١ر٨٣	١٢	٢٥	٤٠ر٩	٦٩ر٨	٢٤	٠ر١٥	٠ر٥٨

٢٣	٢٫١٦	١٧٫٣	٢٢	٦٥٫٢	٩٠٫٢	٣٧	٠٫١٢	٠٫٧٢
٢٤	٣٫٢	١١٫٥	١٨	٤٣٫٢	٧٣٫٨	٢٥	٠٫٢٧	٠٫٥٨
٢٥	٠٠	١٤	١٩	٤٣	٧٦٫٨	٢٥	٠٠	٠٫٥٥
٢٦	٣٫٢	١٨	١٨	٥٨٫٦	٨٥	٢٢	٠٫١٧	٠٫٦٨
٢٧	٣٫٨	٢١	١٢	٢٧٫٢	٤٩٫٣	٢٢	٠٫١٨٠	٠٫٥٥
٢٨	٢٫٢٥	١٩٫١	٢٣	٣٠٫٢	٥٨	٢١	٠٫١٤٣	٠٫٥٢٠
٢٩	٠٠	١٥٫٦	٤٢	٧٣٫٨	٨٥٫٦	٢٠	٠٠	٠٫٨٦
٣٠	١٫٨٥	٢٢٫١	٣٥	٣٦٫٢	٧٣٫٥	٢٨	٠٫٠٨	٠٫٤٩
٣١	٢٫٩	١٨٫٠٠	١٣	٥٧٫٣	٦٩٫٧	٣٢	٠٫١٦	٠٫٨٢
٣٢	٢٫٩	٢٠	٨	٦٣	١٠٢	٣٠	٠٫١٤٥	٠٫٦١
٣٣	٣٫٠٠	١٢	١٤	٣٧٫٨	٦٨٫٩	٢٣	٠٫٢٣	٠٫٥٤
٣٤	٢٫١٣	٢١٫٥	١٦	٤٢٫٣	٧٧٫٣	٢٠	٠٫٠٩	٠٫٥٤
٣٥	٢٫٨٣	١٧٫٨	٣٧	٤٠٫٨	٦٨٫٦	٣٠	٠٫١٥	٠٫٥٩

٣٦	١٫٨٥	١٨٫٣	٤٥	٤٥٫٦	٨٠٫٧	٣٢	٠٫١٥	٫٥٦
٣٧	٣٫٠٠	١٥٫٨	١٩	٢٥٫٦		٢٥	٠٫١٨٩	
٣٨	٣٫٢	١٦٫٦	١٥	٣٧٫٤		٢٥		
٣٩	٢٫٣٥		١٩	٤٫٨		٢٣		
٤٠	٢٫٢٠		٣٥	٥٫٥		٢٣		
٤١				٢٥٫٧٨		٢٨		
٤٢				٣٥٫٨		٤٣		

جدول ـ ٢ ـ

نشاط G₀ و ADA في امصال الاصحاء والمصابين بالتهاب الكبد الفيروسي الحاد

(ملخص جدول ـ ١) .

الانزيم ومصدره	العدد	العمر بالسنوات	نشاط الانزيم بالوحدات العالمية / لتر		مدى نسبة نشاط G₀ / نشاط A
			مدى الفعالية	معدل الفعالية	
من مصل الاصحاء	٤٠	٨ ـ ٤٥	٠ ـ ٨ ر٣	٢٧ر٢ ± ١٥ر١	٠ ـ ٢٣ر٠
من مصل الاصحاء	٣٨		٢و١ : ـ ٥ر٢٢	٨٨ر١٦ ± ٠١ر٣	
من مصل المصابين بالتهاب الكبد الفيروسي الحاد	٤٢	١٨ ـ ٤٢	٨ ر٤ ـ ٨٥	٢٥ر٤٢ ـ ١١ر١٦	٣٧ر٠ ـ ٨٦ر٠
من مصل المصابين بالتهاب الكبد القيروسي الحاد	٣٦		٢ر٥٥ ـ ١٠٢	٠٩ر٧٣ ± ٥٣ر١١	

جـدول ــ ٣ ــ

قيـم الثابت Km لمادة Guanine و 8-azaguanine لـ G. في أمصـال الأصحـاء والمصابيـن بالتهـاب الكبـد الفيروسـي الحـاد* (مقاسـة في درجـة ٣٧ مْ) .

المادة الأساس	مصدر الانزيم مصل الدم	الثابت Km مقاس بوحدات mM	
		طريقة الرسم $\frac{1}{V}$ مقابـل $\frac{1}{S}$	الطريقة الخطية المباشـرة
Guanine	الأصحـاء	٠ر٠٠٦٦ ± ٠ر٠٠٠٥٦	٠ر٠٠٦٠ ± ٠ر٠٠٠٣٥
	مرضى (التهاب الكبد الفيروسي الحـاد)	٠ر٠١٨٩ ± ٠ر٠٠١٥	٠ر٠١٨٠ ± ٠ر٠٠١٠
8-azaguanine	الأصحـاء	٠ر١٨٤٩ ± ٠ر٠١٧٥٦	٠ر١٧٥ ± ٠ر٠٠٩٦
	المرضى (التهاب الكبد الفيروسي الحـاد)	٠ر٢٦٠ ± ٠ر٠٢٣٧	٠ر٢٧٦ ± ٠ر٠١١٨

* العينـات المرضيـة أخذت قبـل البـدء بالمعالجـة .

جـدول ـ ٤ ـ

قيـم الثابـت Km لمادة Adenosine لانزيـم ADA في أمصـال الاصحـاء والمصابـين بالتهـاب الكبـد الفيروسـي الحـاد .

المادة الاساس	مصدر الانزيم (مصل الدم)	الثابـت Km مقـاس بوحـدات mM	
		طريقة الرسم $\frac{1}{V}$ مقابل $\frac{1}{S}$	طريقة الرسم الخطية المباشـرة
Adenosine	الاصحـاء	١٫٥٢٥ ± ٠٫١٣٨٨	١٫٤٥ ± ٠٫٠٩٤
	مرضى (التهاب الكبد الفيروسي الحـاد)	١٫٧١٩ ± ٠٫١٣٧٥	١٫٦٣ ± ٠٫١١٤

جـدول ــ ٥ ــ

الطاقة المنشطة Ea والثابت Q_{10} لـ G. و ADA في مصل الأصحاء
والمصابين بالتهاب الكبد الفيروسي الحاد .

Q_{10}	الطاقة المنشطة Ea بالسـعرات الحراريـــة	الانزيـم ومصــدره
١,٥٦	٧٤٥٩ ± ٨٩٥	Guanase من مصل دم المصابين بالتهاب الكبـد الفيروسي
١,٦٢	٨٠٨٤ ± ٥٦٠	ADA من مصل دم الأصحاء
١,٨١	٩٨٦١ ± ٩٣٢	ADA من مصل دم المصابين بالتهاب الكبـد الفيروسي

Chapter Four

Figures

١) قياس قيم Km لمواد أساس الانزيم G. في أمصال الأصحاء والمصابين بالتهاب الكبد الفيروسي الحاد وفي درجة ٣٧ م° .

شكل (١)

يوضح الطريقة الخطية المباشرة لقياس Km ل Guanine في مصل الأصحاء . ان طريقة العمل والتراكيز المستعملة مذكورة في الجزء (ب - ٢) من تجارب البحث .

شكل (٢)

كما هو مذكور في تعليق شكل (١) ولكن في مصل المصابين بالتهاب الكبد الفيروسي الحاد .

شكل (٣)

يوضح طريقة لنويفر - بورك في قياس Km ل Guanine في أمصال الأصحاء . ان طريقة العمل والتراكيز مذكورة في الجزء (ب - ٢) من تجارب البحث .

شكل (٤)

كما هو مذكور في تعليق شكل (٣) ولكن في مصل المصابين بالتهاب الكبد الفيروسي .

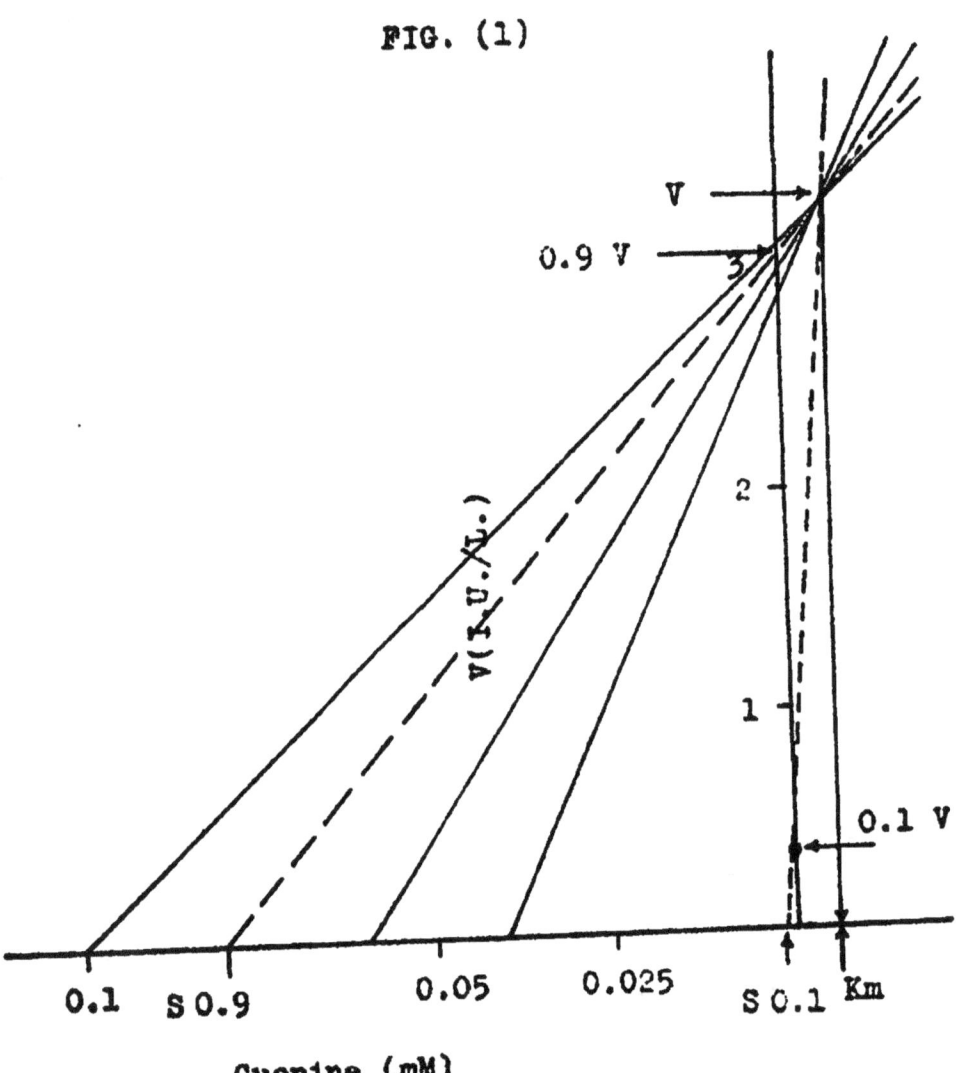

FIG. (1)

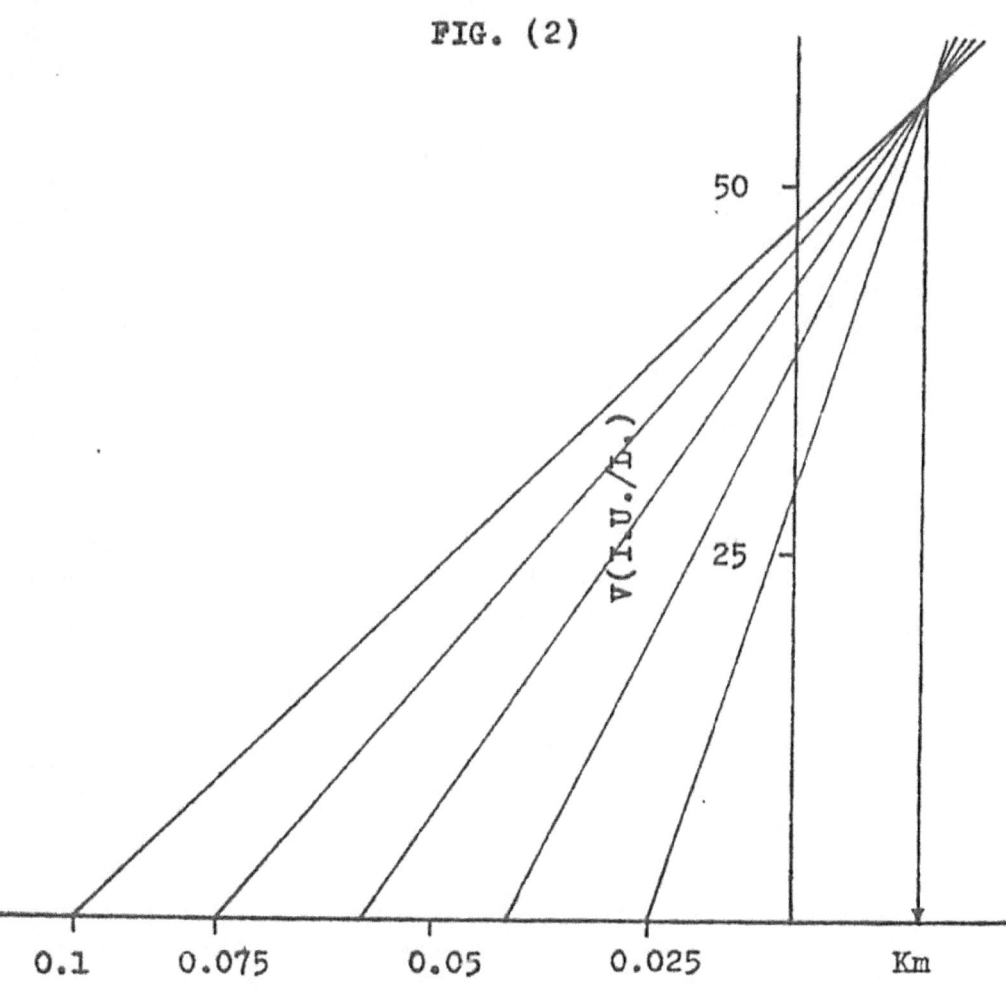

FIG. (2)

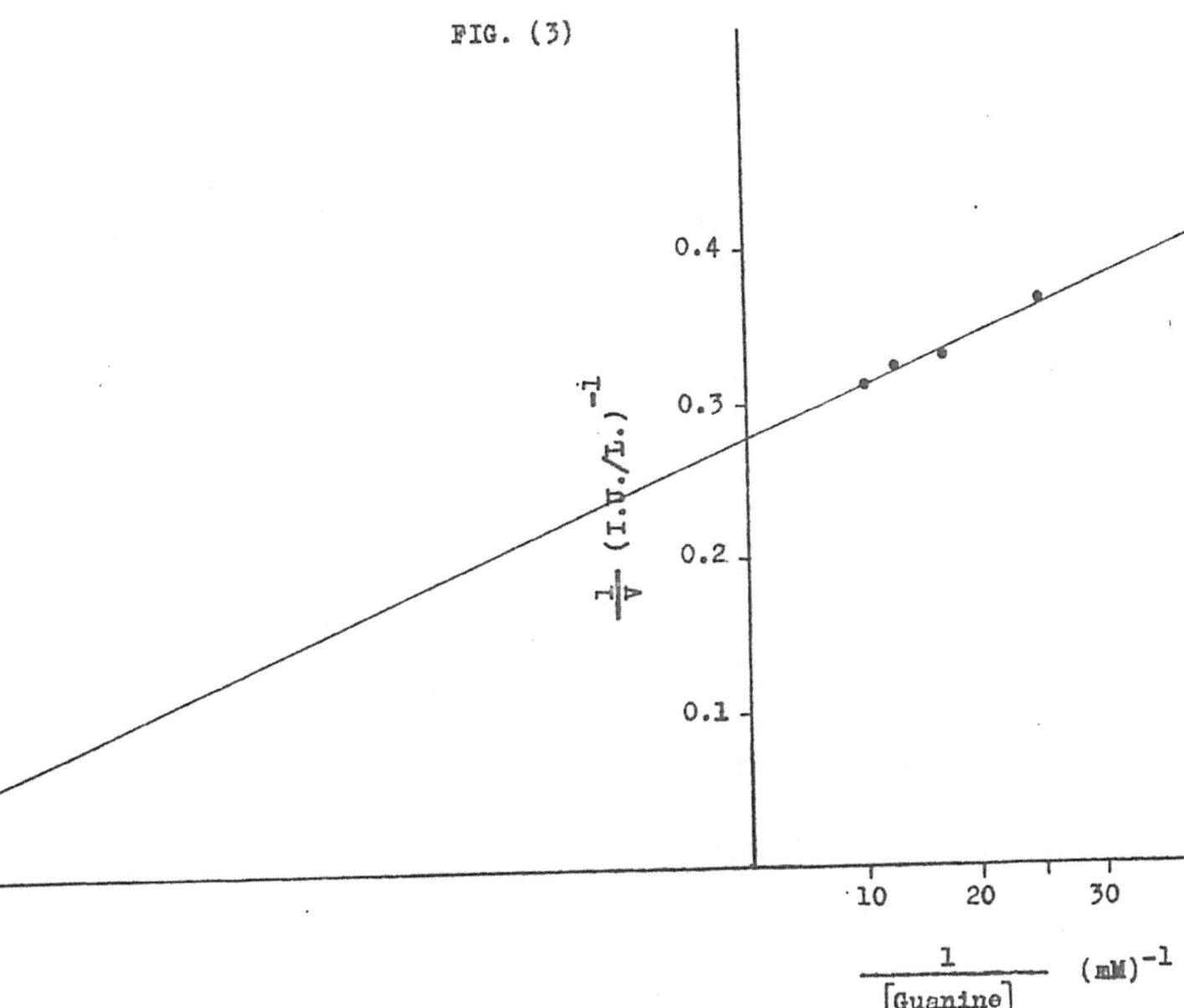

FIG. (3)

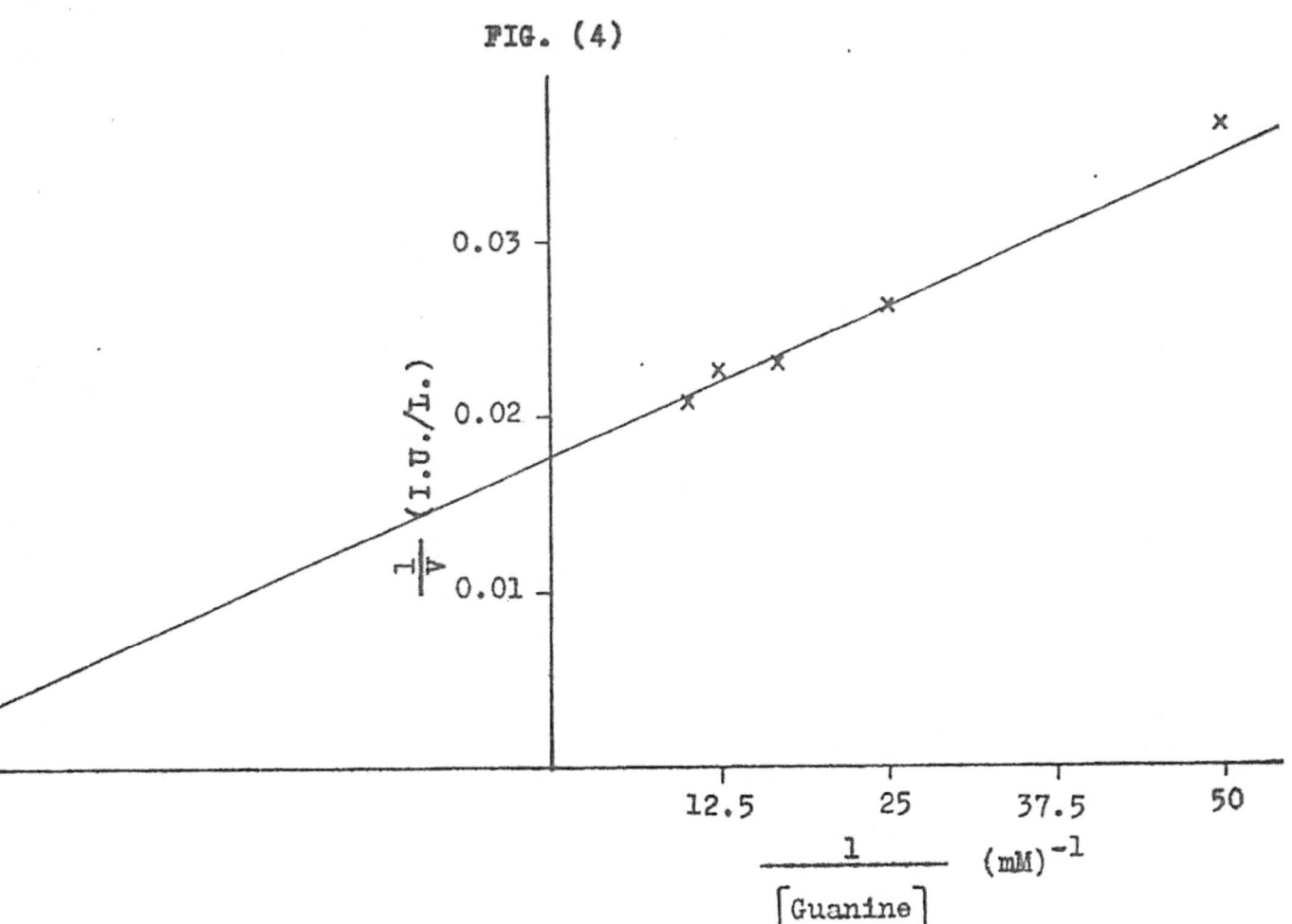

FIG. (4)

شكل (٥)

يوضح الطريقة الخطية المباشرة لقياس Km لـ 8-azaguanine في مصل الأصحاء • ان طريقة العمل والتراكيز المستعملة مذكورة في الجزء (ب ـ ٢) من تجارب البحث •

شكل (٦)

كما مذكور في تعليق شكل (٥) ولكن في مصل المصابين بالتهاب الكبد الفيروسي الحاد •

شكل (٧)

يوضح طريقة لنويفر ـ بورك في قياس Km لـ 8-azaguanine في أمصال الأصحاء • ان طريقة العمل والتراكيز مذكورة في الجزء (ب ـ ٢) من تجارب البحث •

شكل (٨)

كما هو مذكور في تعليق شكل (٧) ولكن في مصل المصابين بالتهاب الكبد الفيروسي الحاد •

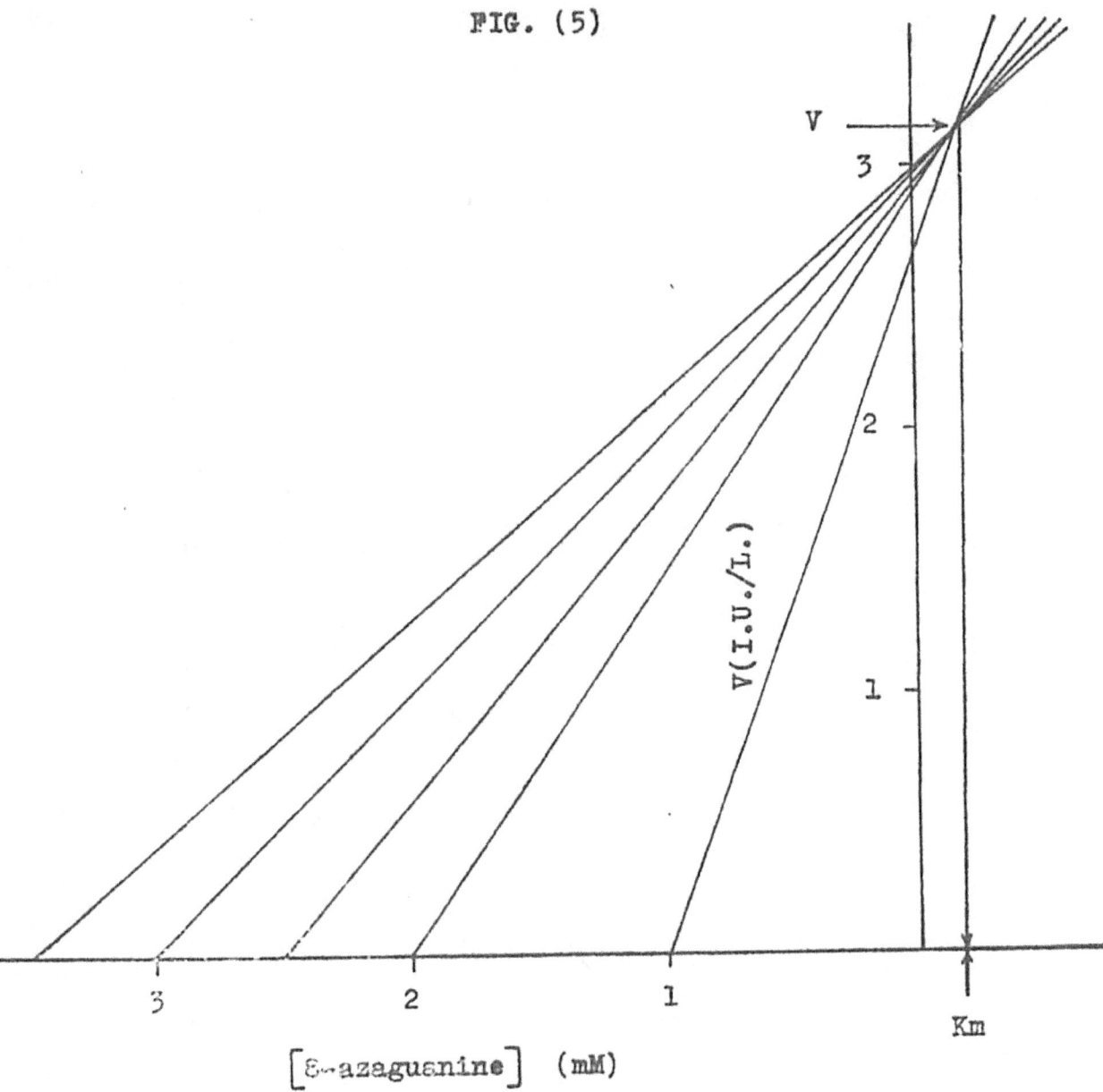

FIG. (5)

V
V(I.U./L.)
[8-azaguanine] (mM)

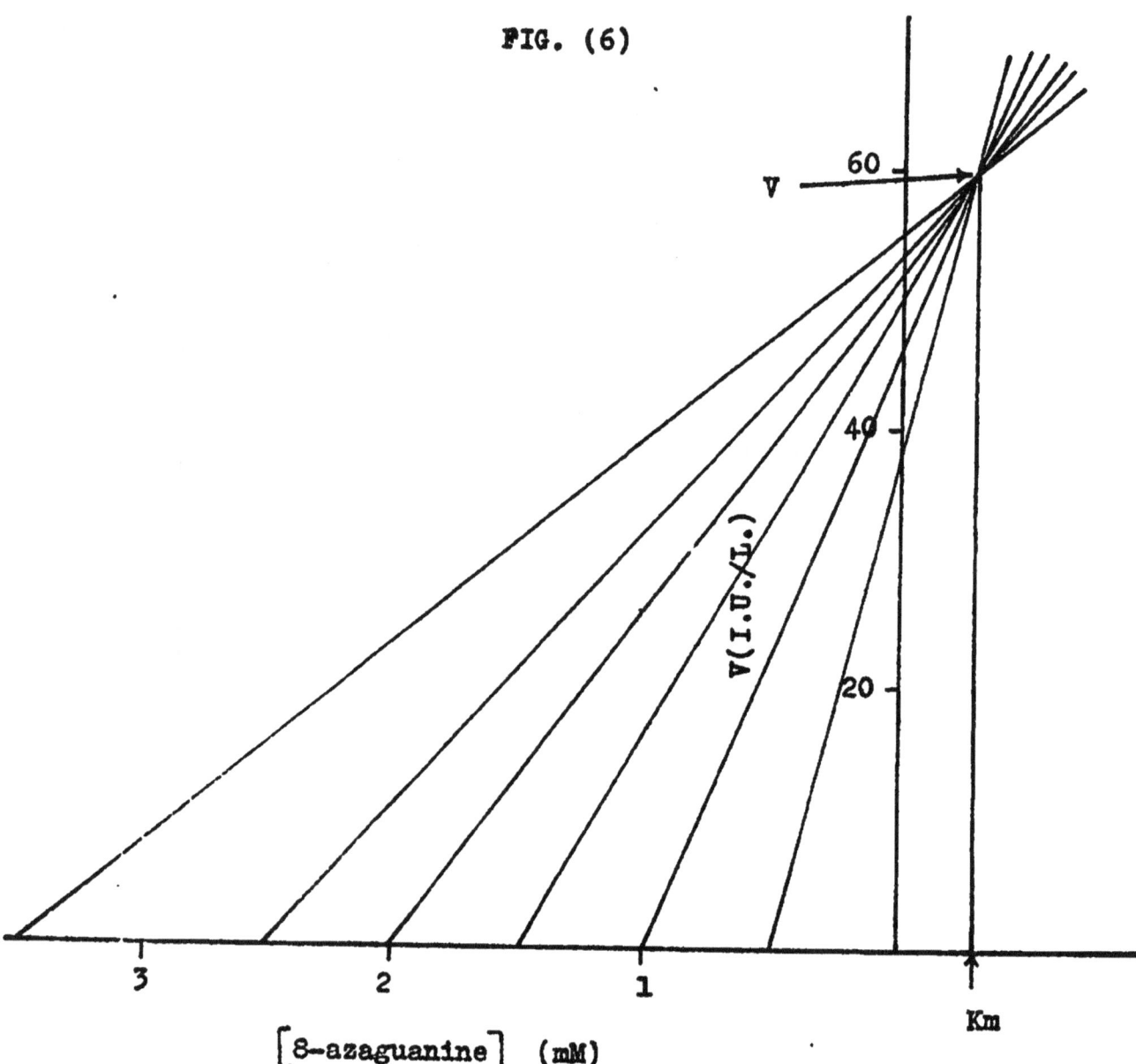

FIG. (6)

V ───→ 60 ──→

40 ─

V(I.U./L.)

20 ─

Km

3   2   1

[8-azaguanine] (mM)

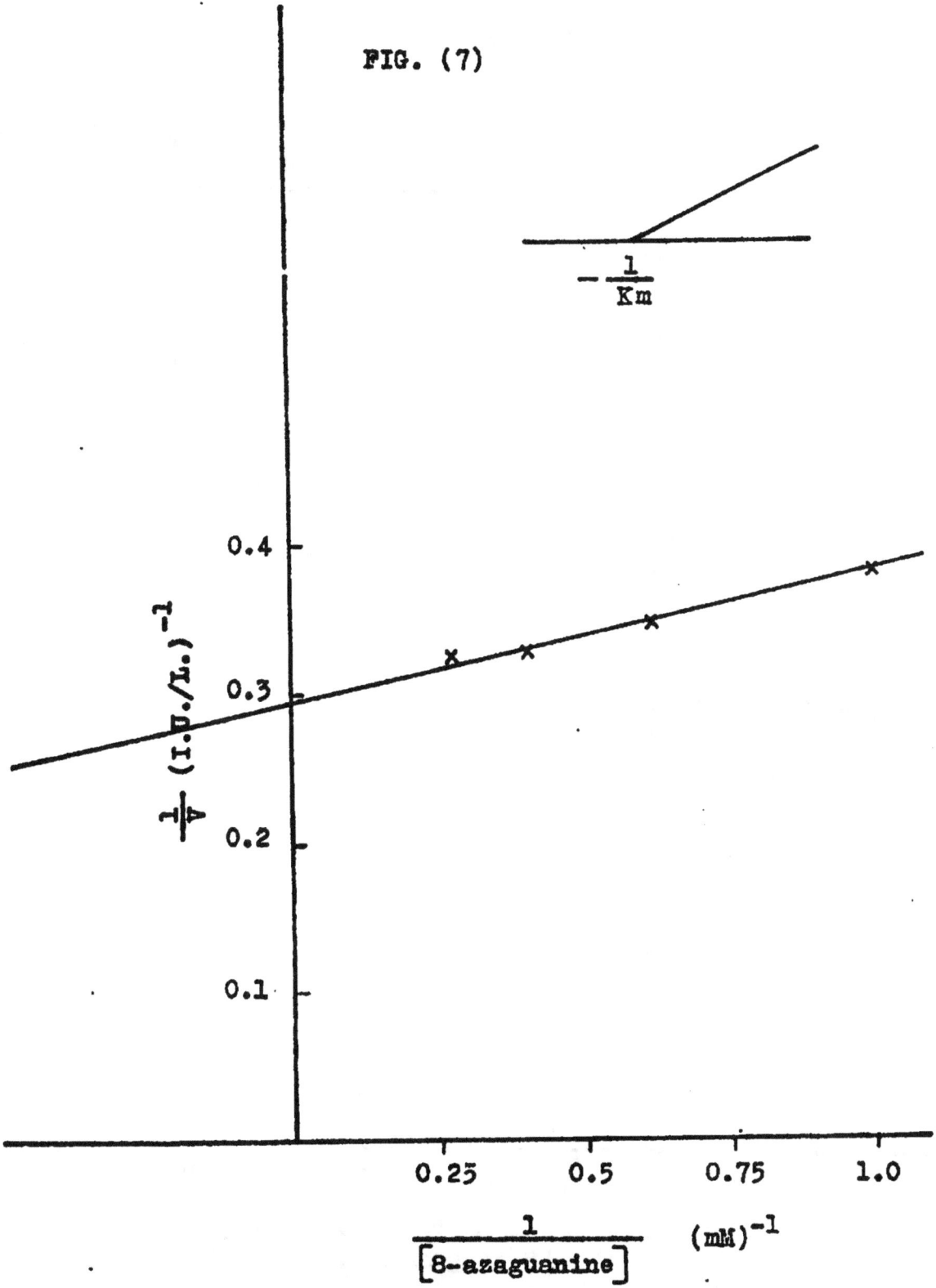

FIG. (7)

$-\frac{1}{Km}$
0.4
0.3
0.2
0.1
$\frac{1}{V}$ (I.U./L.)$^{-1}$
0.25
0.5
0.75
1.0
$\frac{1}{[8\text{-azaguanine}]}$ (mM)$^{-1}$

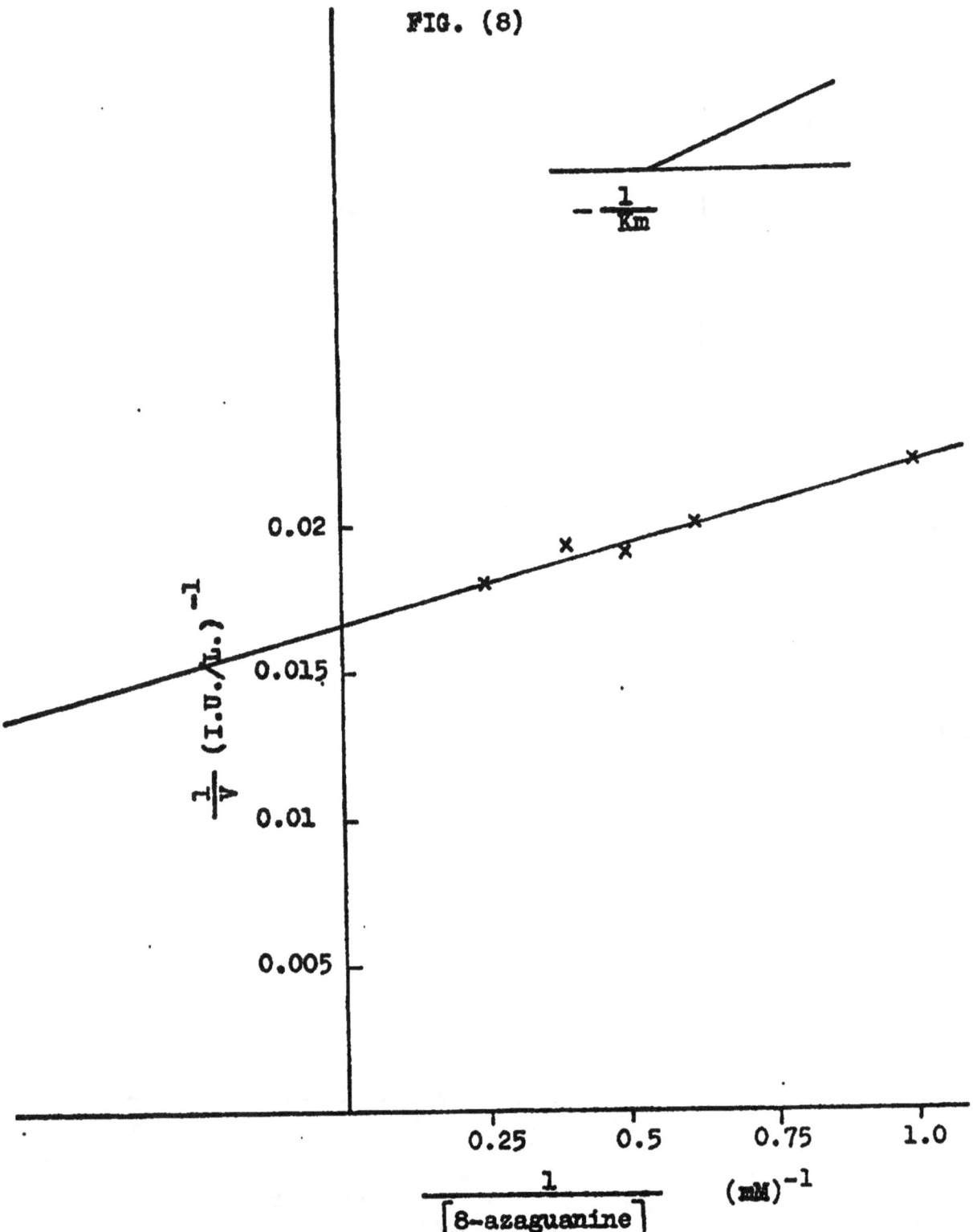

FIG. (8)

$-\frac{1}{Km}$
0.02
0.015
0.01
0.005
$\frac{1}{V}$ (I.U./L.)$^{-1}$
0.25
0.5
0.75
1.0
$\frac{1}{[\text{8-azaguanine}]}$ (mM)$^{-1}$

٢) قياس قيم Km لمادة أساس الانزيم ADA في أمصال الاصحاء والمصابين بالتهاب الكبد الفيروسي الحاد وفي درجة ٣٧ م° .

شكل (٩)

يوضح الطريقة الخطية المباشرة لقياس Km ل Adenosine في مصل الاصحاء . ان طريقة العمل والتراكيز المستعملة مذكورة في الجزء (ب ــ ٢) من تجارب البحث .

شكل (١٠)

كما هو مذكور في تعليق شكل (٨) ولكن في مصل المصابين بالتهاب الكبد الفيروسي الحاد .

شكل (١١)

يوضح طريقة لنويفر ــ بورك في قياس Km ل Adenosine في أمصال الاصحاء . ان طريقة العمل والتراكيز المستعملة مذكورة في الجزء (ب ــ ٢) من تجارب البحث .

شكل (١٢)

كما هو مذكور في تعليق شكل (١١) ولكن في مصل المصابين بالتهاب الكبد الفيروسي الحاد .

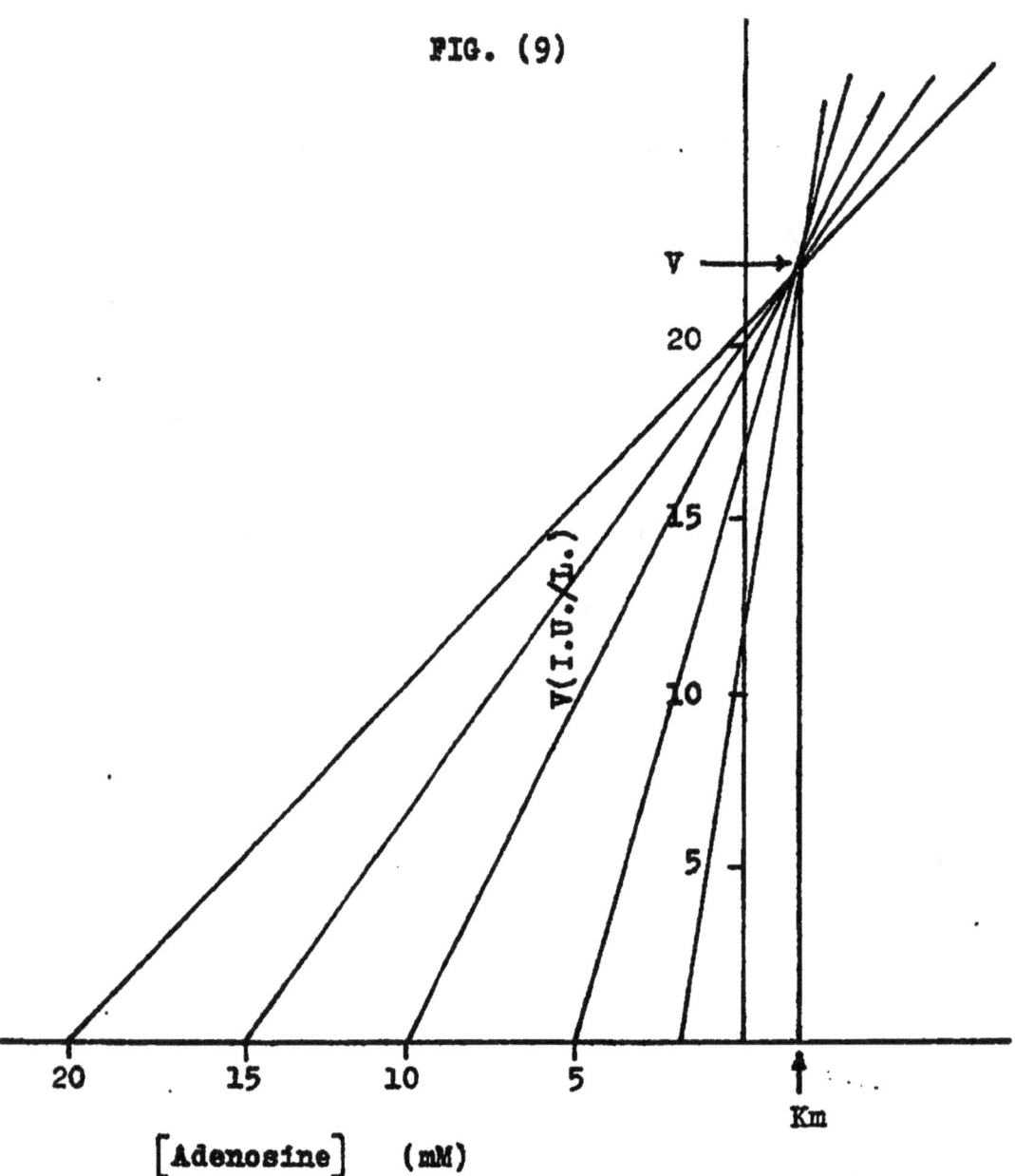

FIG. (9)

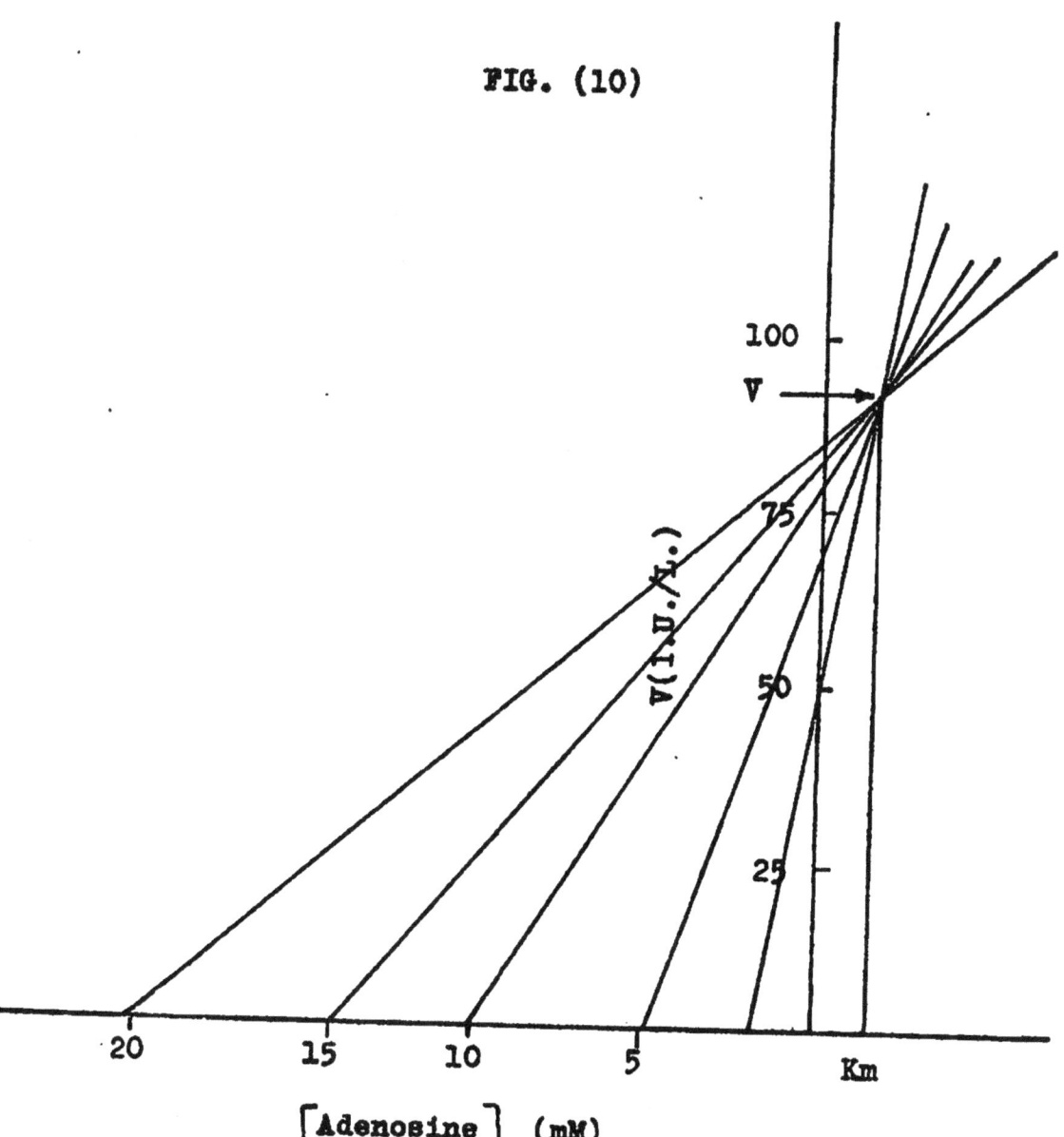

FIG. (10)

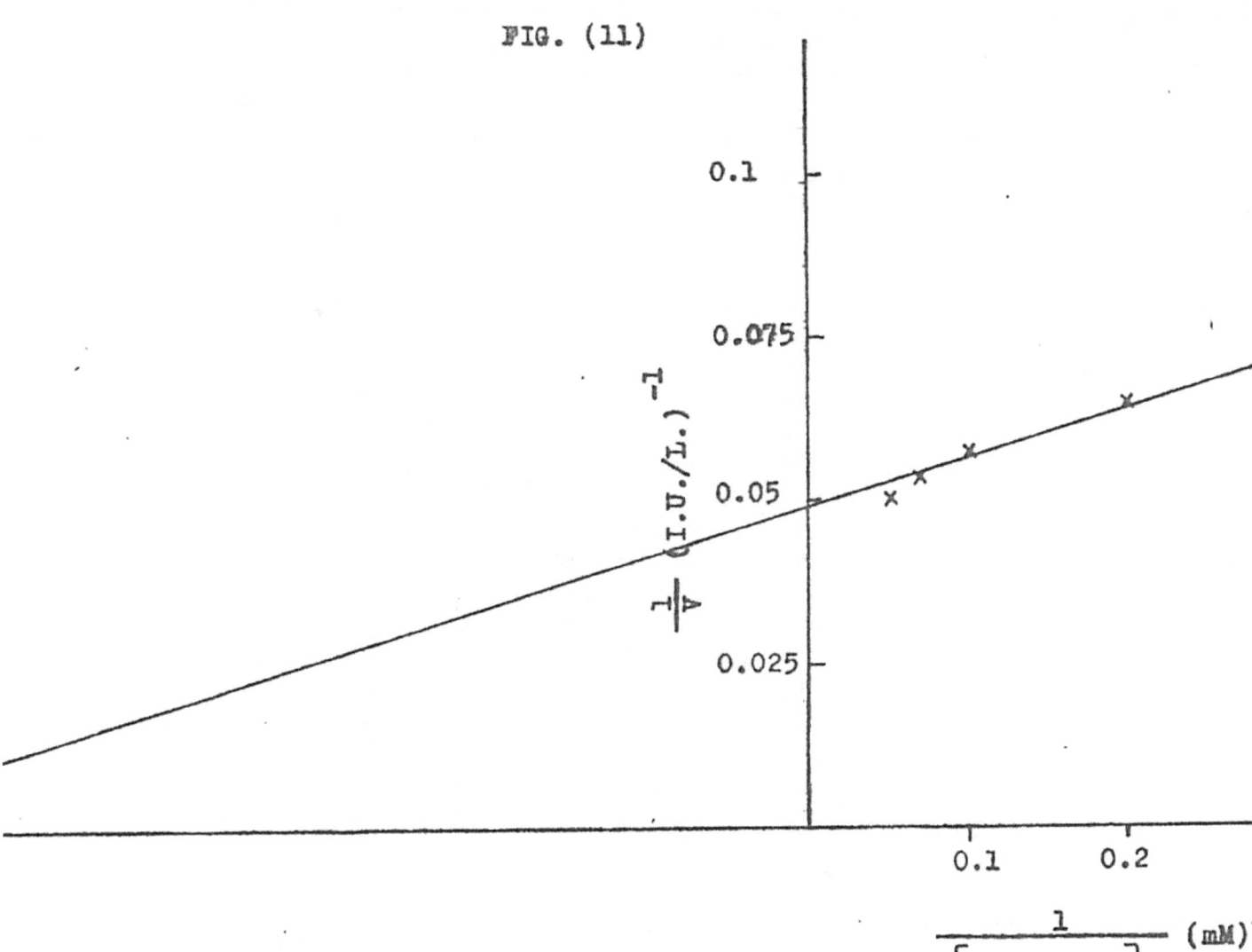

FIG. (11)

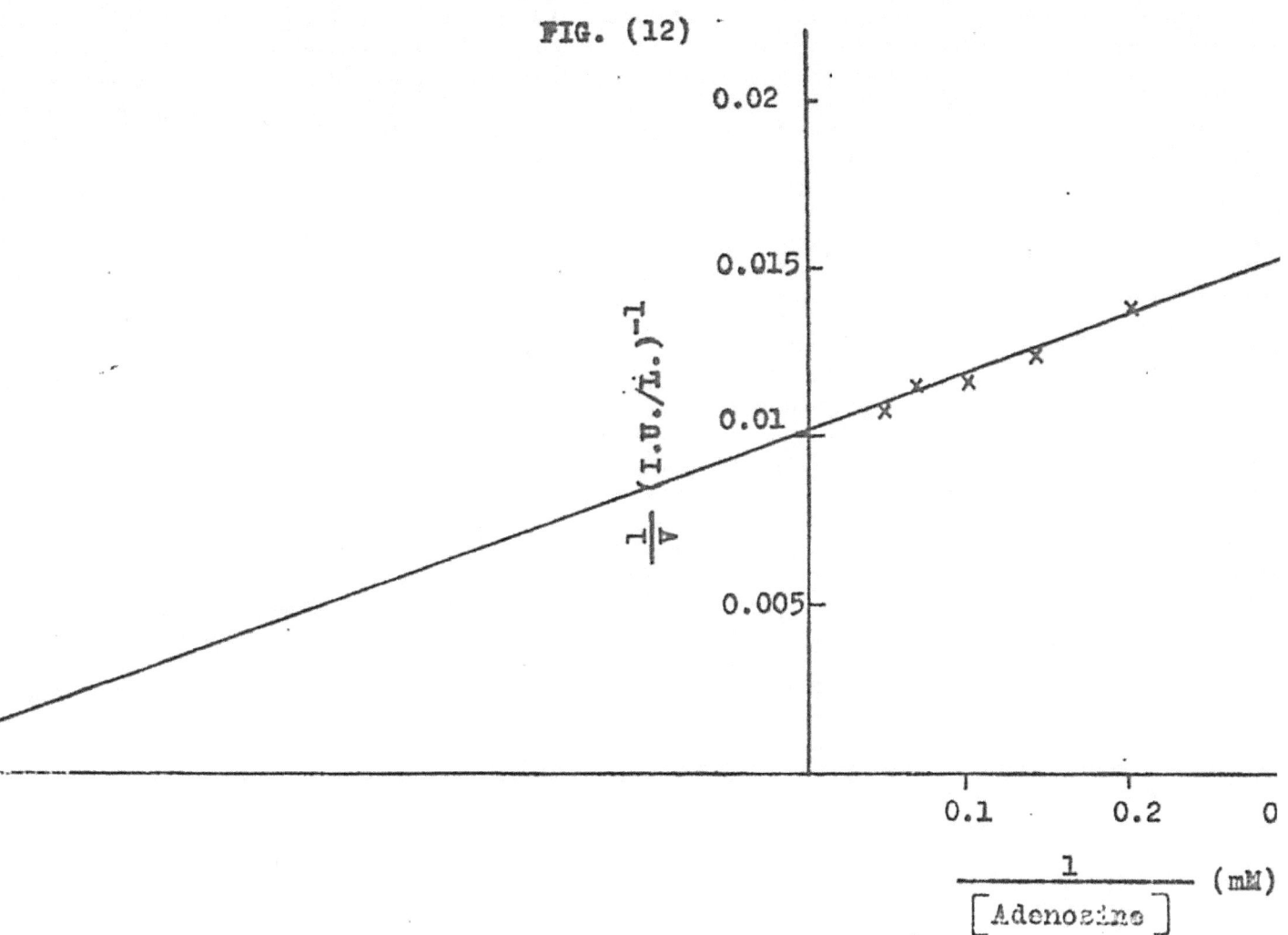

FIG. (12)

٣) اثر درجات الأس الهيدروجيني المختلفة على نشاط .G في أمصال الأصحاء والمصابين بالتهاب الكبد الفيروسي الحاد، في درجة ٣٧ مْ .

شكل (١٣)

أثر درجة الأس الهيدروجيني على السرعة القصوى V_{max} للتفاعل المحفز بـ في مصل الأصحاء والمصابين بالتهاب الكبد الفيروسي الحاد ، وعند استعمال Guanine في منظم الـ Tris .
ان طريقة العمل والتراكيز المستعملة مذكورة في الجزء (ب ـ ٣) من تجارب البحث .

(○———○) يمثل مصل الأصحاء

(●———●) يمثل مصل المصابين بالتهاب الكبد الفيروسي الحاد . 8-azaguanine

شكل (١٤)

كما هو مذكور في تعليق شكل (١٣) ولكن عند استعمال في منظم الفوسفات .

(○———○) يمثل مصل الأصحاء

(●———●) يمثل مصل المصابين بالتهاب الكبد الفيروسي الحاد .

شكل (١٥)

يوضح تأثير درجة الاس الهيدروجيني على الثابت Km ل 8-azaguanine في مصل الاصحاء وذلك من رسم لوغارتيم معكوس قيمة Km (pKm) ضد درجة الاس الهيدروجيني ان طريقة العمل والتراكيز المستعملة مذكورة في الجزء (ب ــ ٣) من تجارب البحث .

شكل (١٦)

كما هو مذكور في تعليق شكل (١٥) ولكن في مصل المصابين بالتهاب الكبد الفيروسي الحاد .

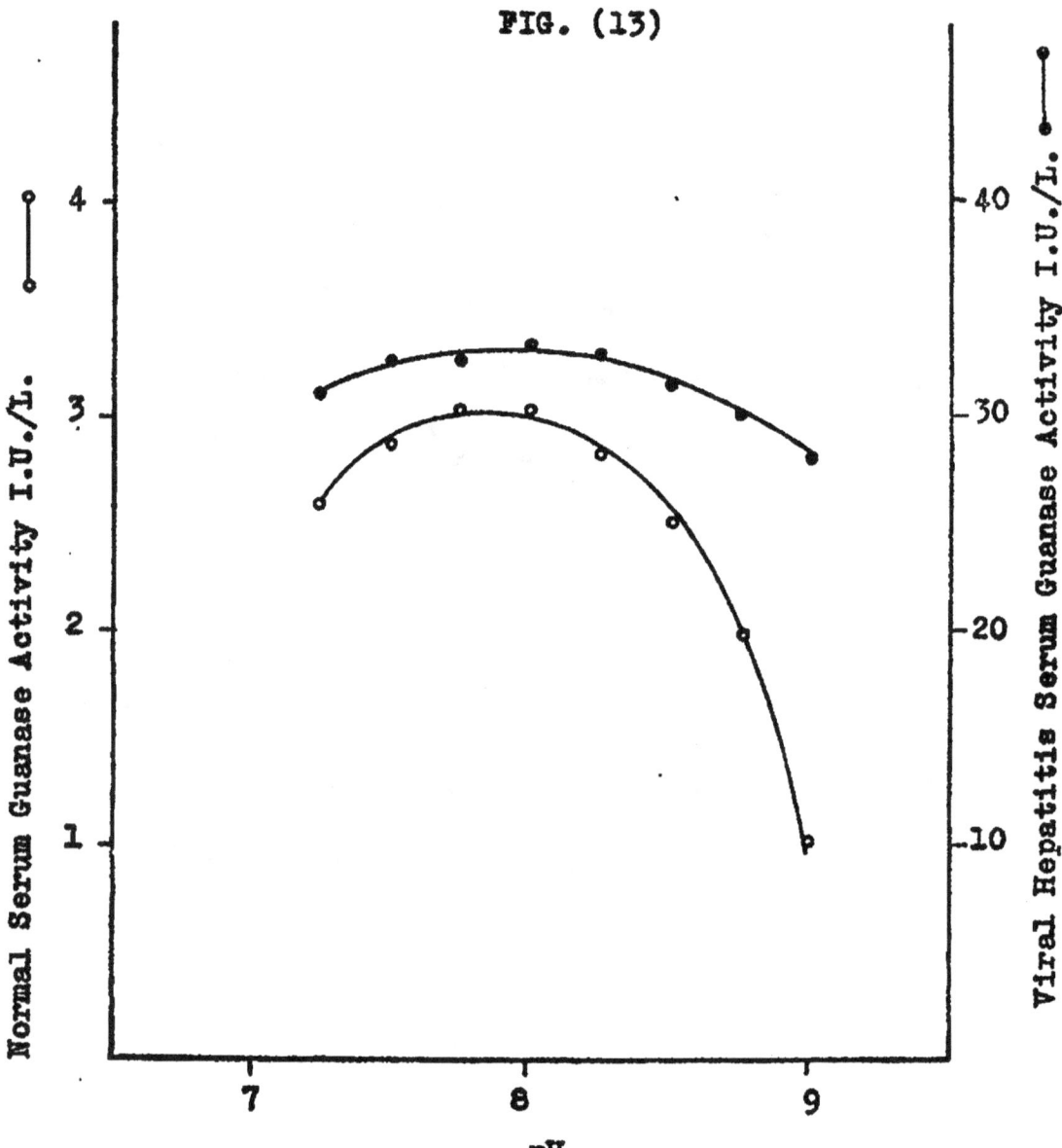

FIG. (13)

Normal Serum Guanase Activity I.U./L.
4
3
2
1
Viral Hepatitis Serum Guanase Activity I.U./L.
40
30
20
10
7
8
9
pH

FIG. (14)

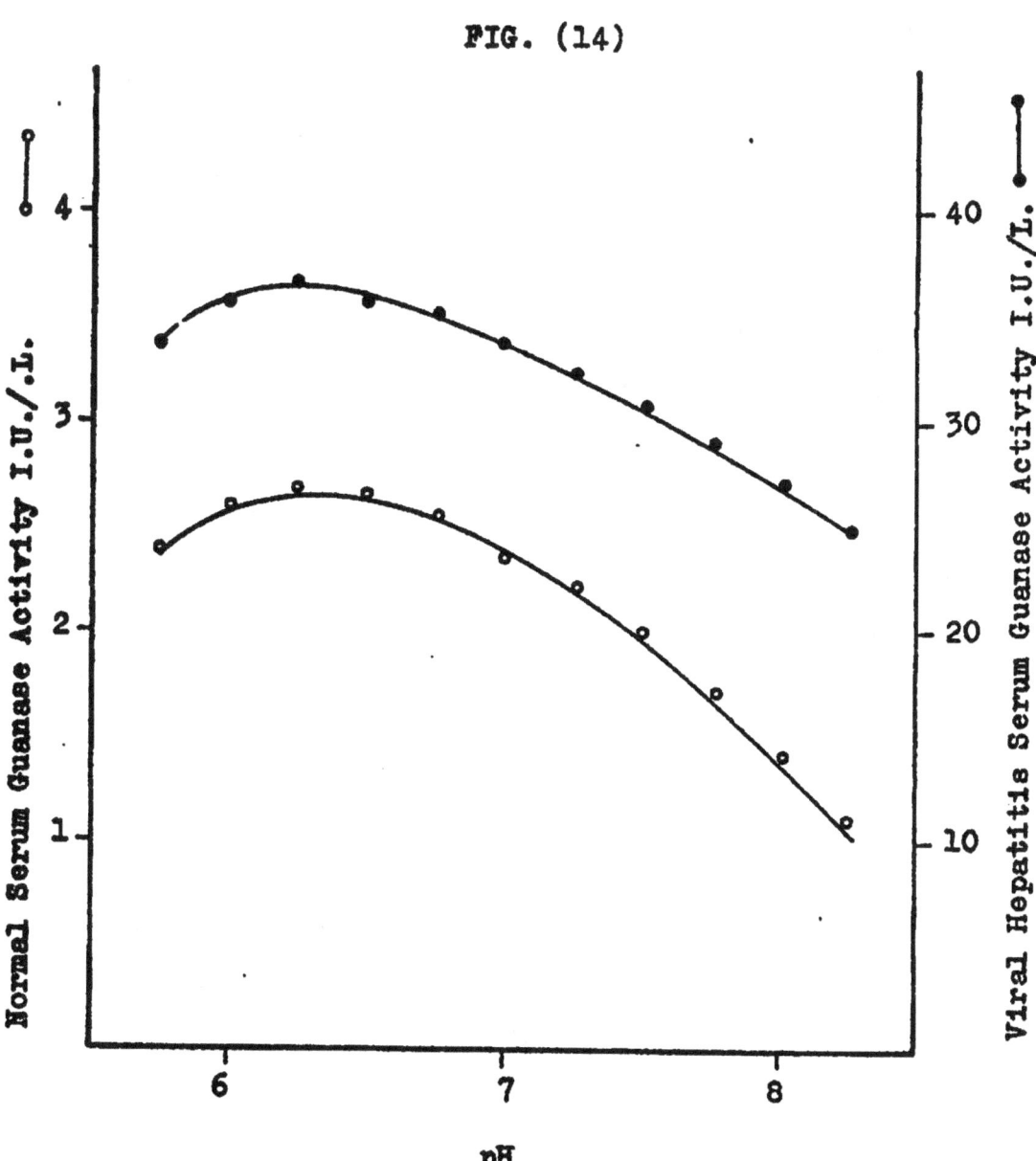

Normal Serum Guanase Activity I.U./L.
Viral Hepatitis Serum Guanase Activity I.U./L.
4
3
2
1
40
30
20
10
6
7
8
pH

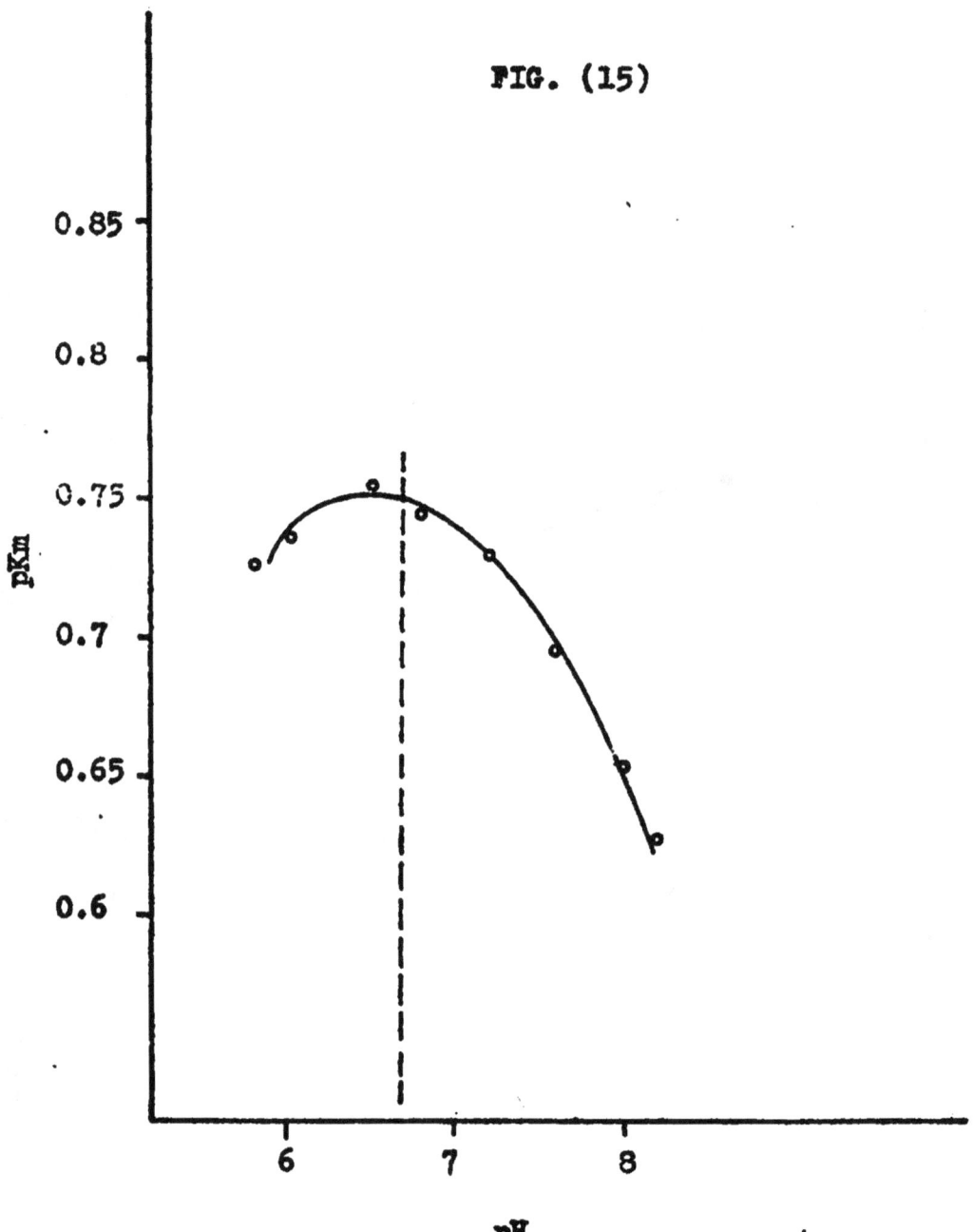

FIG. (15)

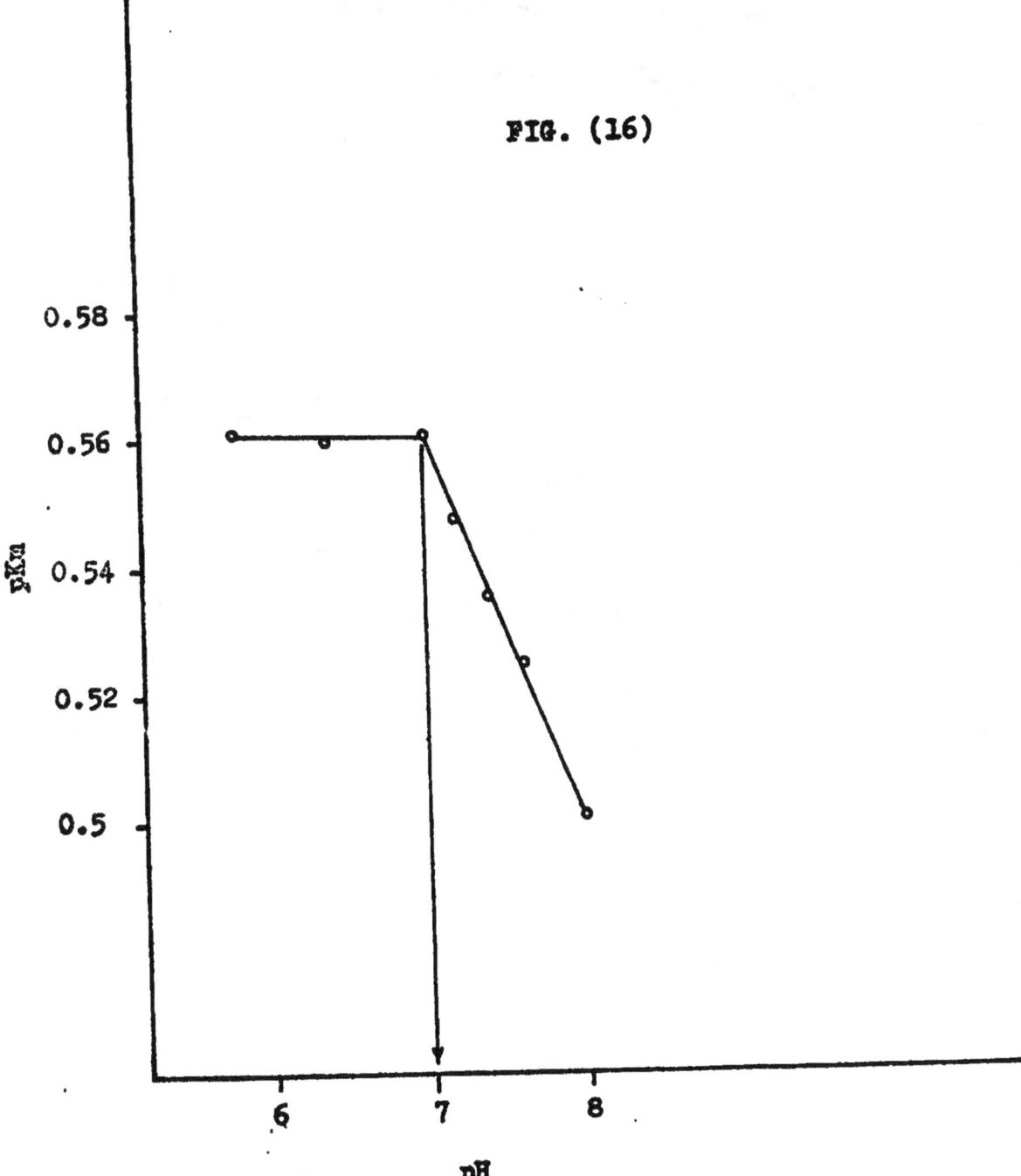

FIG. (16)

٤) أثر درجات الأس الهيدروجيني المختلفة على نشاط ADA في أمصال الأصحاء والمصابين بالتهاب الكبد الفيروسي الحاد وفي درجة ٣٧ مْ .

شكل (١٧)

أثر درجة الأس الهيدروجيني على السرعة القصوى V_{max} للتفاعل المحفز بـ ADA في مصل الأصحاء والمصابين بالتهاب الكبد الفيروسي الحاد وعند استعمال Adenosine في منظم الفوسفات . ان طريقة العمل والتراكيز المستعملة مذكورة في الجزء (ب ـ ٣) من تجارب البحث .

(○———○) يمثل مصل الأصحاء

(●———●) يمثل مصل المصابين بالتهاب الكبد الفيروسي الحاد .

شكل (١٨)

يوضح تأثير درجة الأس الهيدروجيني على الثابت Km لـ Adenosine في مصل الأصحاء وذلك من رسم لوغاريتم معكوس قيمة Km (pKm) ضد درجة الأس الهيدروجيني . ان طريقة العمل والتراكيز المستعملة مذكورة في الجزء (ب ـ ٣) من تجارب البحث .

شـــكل (١٩)

كمـا مذكـور في تعليــق شــكل (١٩) ولكــن فــي مصل المصابيـن
بالتهـاب الكبــد الفيروســي الحـــاد •

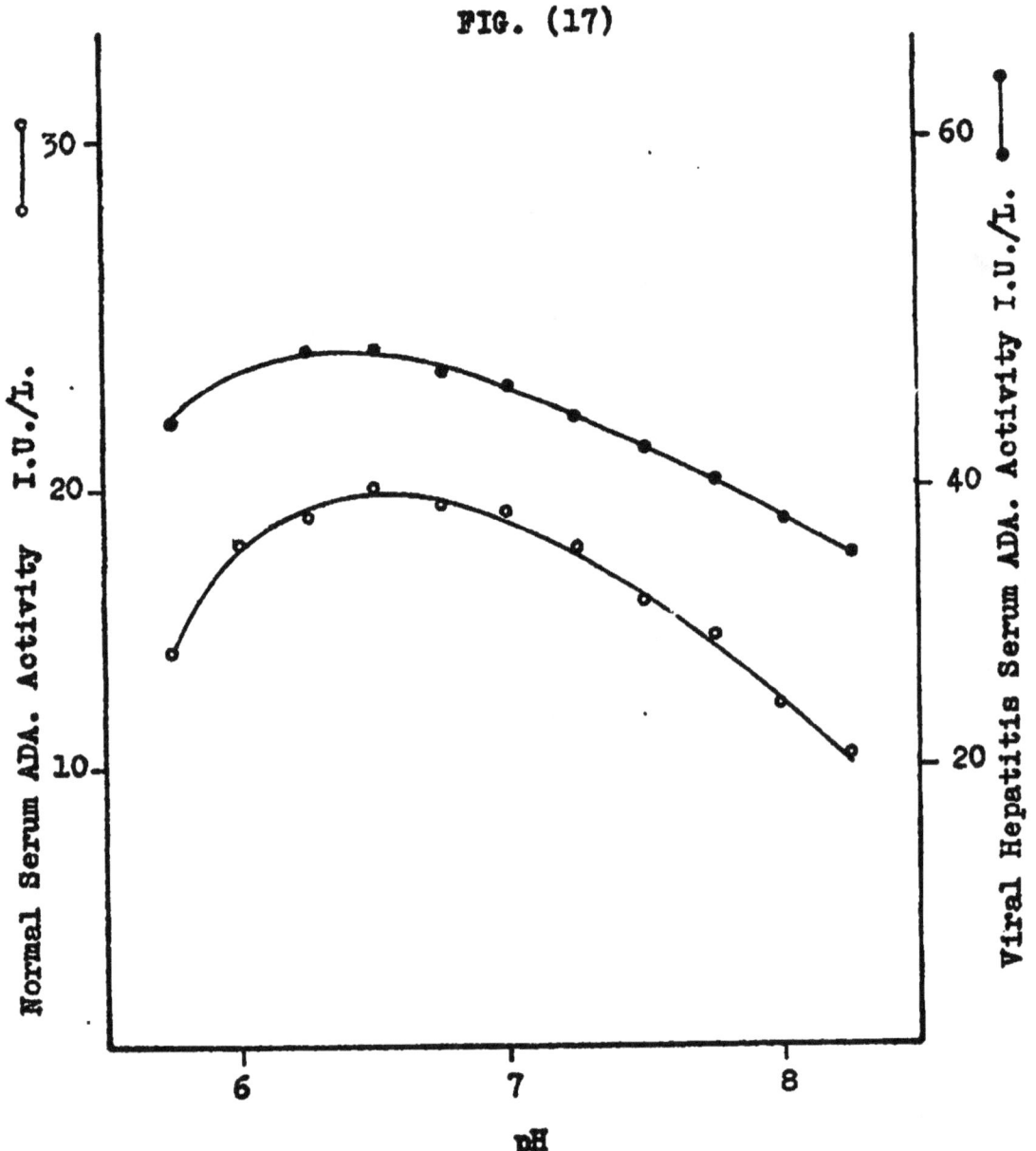

FIG. (17)

30
20
10
Normal Serum ADA. Activity I.U./L.
60
40
20
Viral Hepatitis Serum ADA. Activity I.U./L.
6
7
8
pH

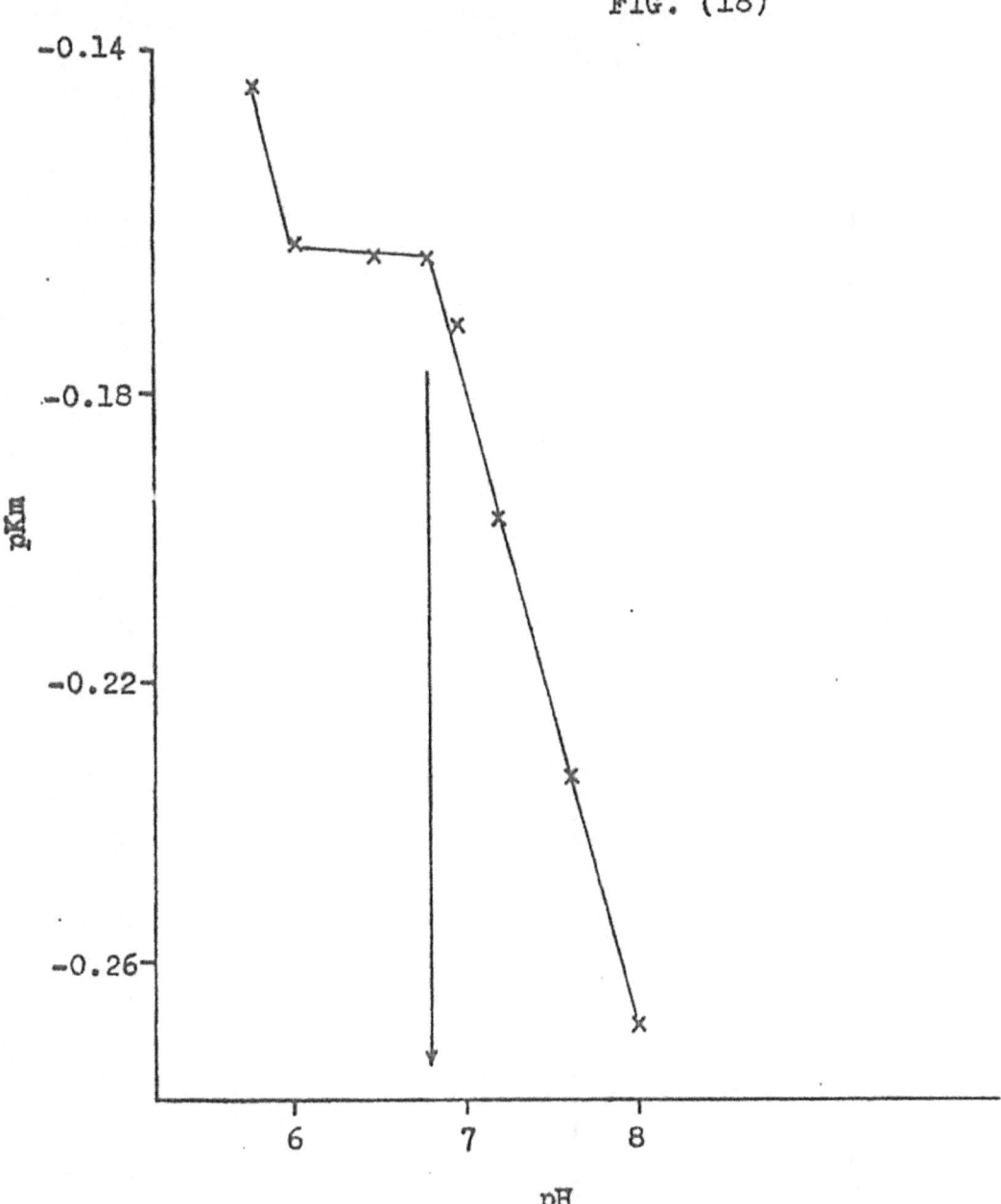

FIG. (18)

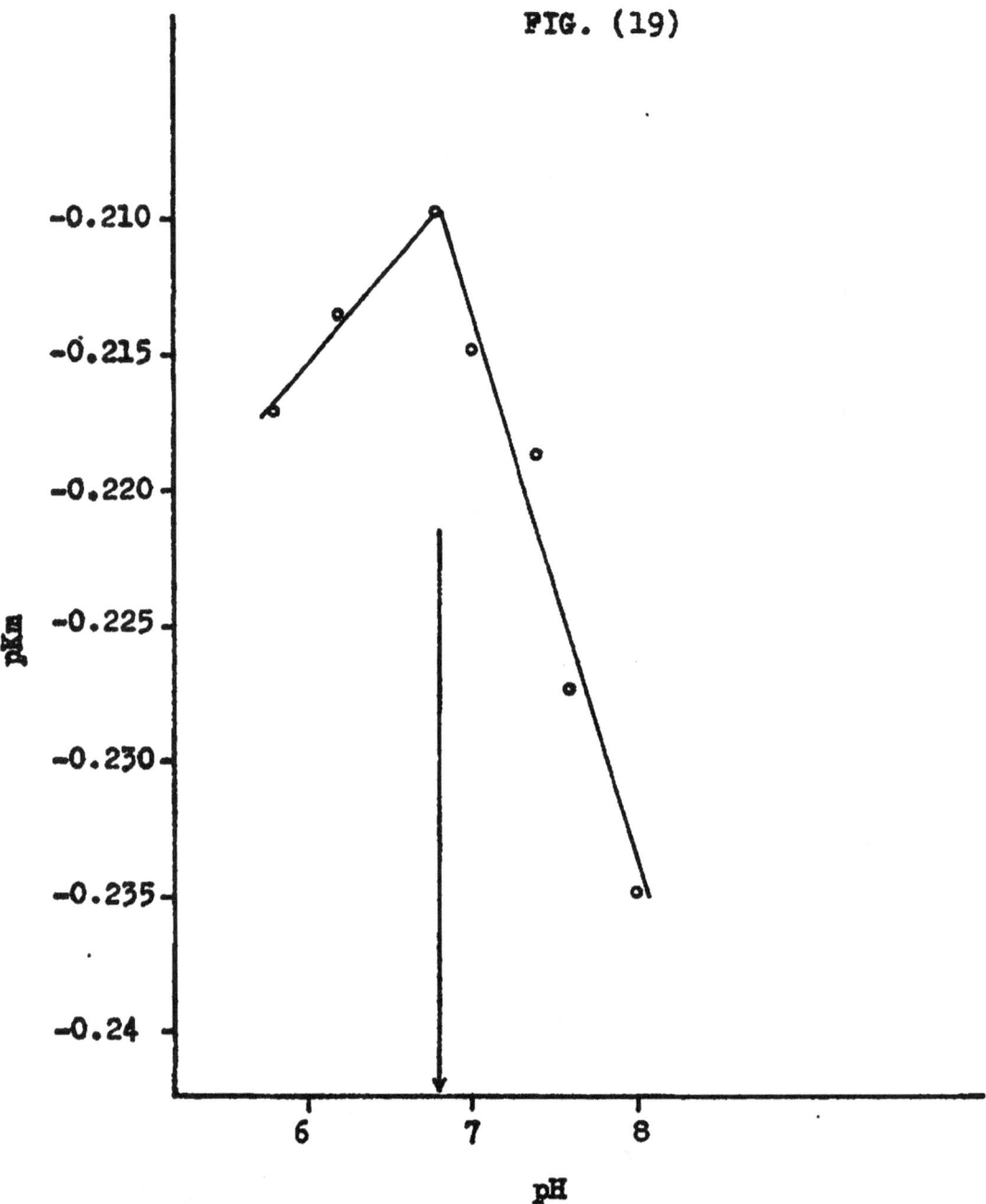

FIG. (19)

٥) أثـر د رجات حرارة التفاعل المختلفة على نشاط .G و ADA في مصـل الأمحـاء والمصابيـن بالتهـاب الكبـد الفيروسـي الحـاد •

شـكل (٢٠)

تأثيـر د رجـة حرارة التفاعل على نشـاط .G في مصل المصابين بالتهـاب الكبـد الفيروســي • مبينـا من رسـم العلاقـة بيـن السـرعة الأوليـة ود رجـة حـرارة حضـن التفاعـل • ان طريقـة العمل ود رجـات الحـرارة المختلفـة مذكورة في الجزء (ب ــ ٤) مـن تجـارب البحـث •

شـكل (٢١)

تأثيـر د رجـة حرارة التفاعل على نشـاط .G في مصل دم المصابين بالتهاب الكبـد الفيروسـي الحاد • مبينـه من رسـم العلاقة بين لوغاريتم السـرعة القصـوى ومقلـوب د رجـة حـرارة التفاعـل المطلقـة •

شـكل (٢٢)

تأثير د رجة حرارة التفاعل على نشـاط ADA في مصل الاصحاء والمصابيـن بالتهاب الكبـد الفيروسي الحاد • مبينا من رسـم العلاقة بيـن السـرعة الأوليـة ود رجـة حـرارة حضـن التفاعل • ان طريقـة العمل ود رجـات الحـرارة المختلفة مذكورة في الجزء (ب ــ ٤) من تجارب البحـث •

(○———○) يمثـل مصـل الأصحـاء

(●———●) يمثـل مصل المصابين بالتهـاب الكبـد الفيروسـي الحـاد •

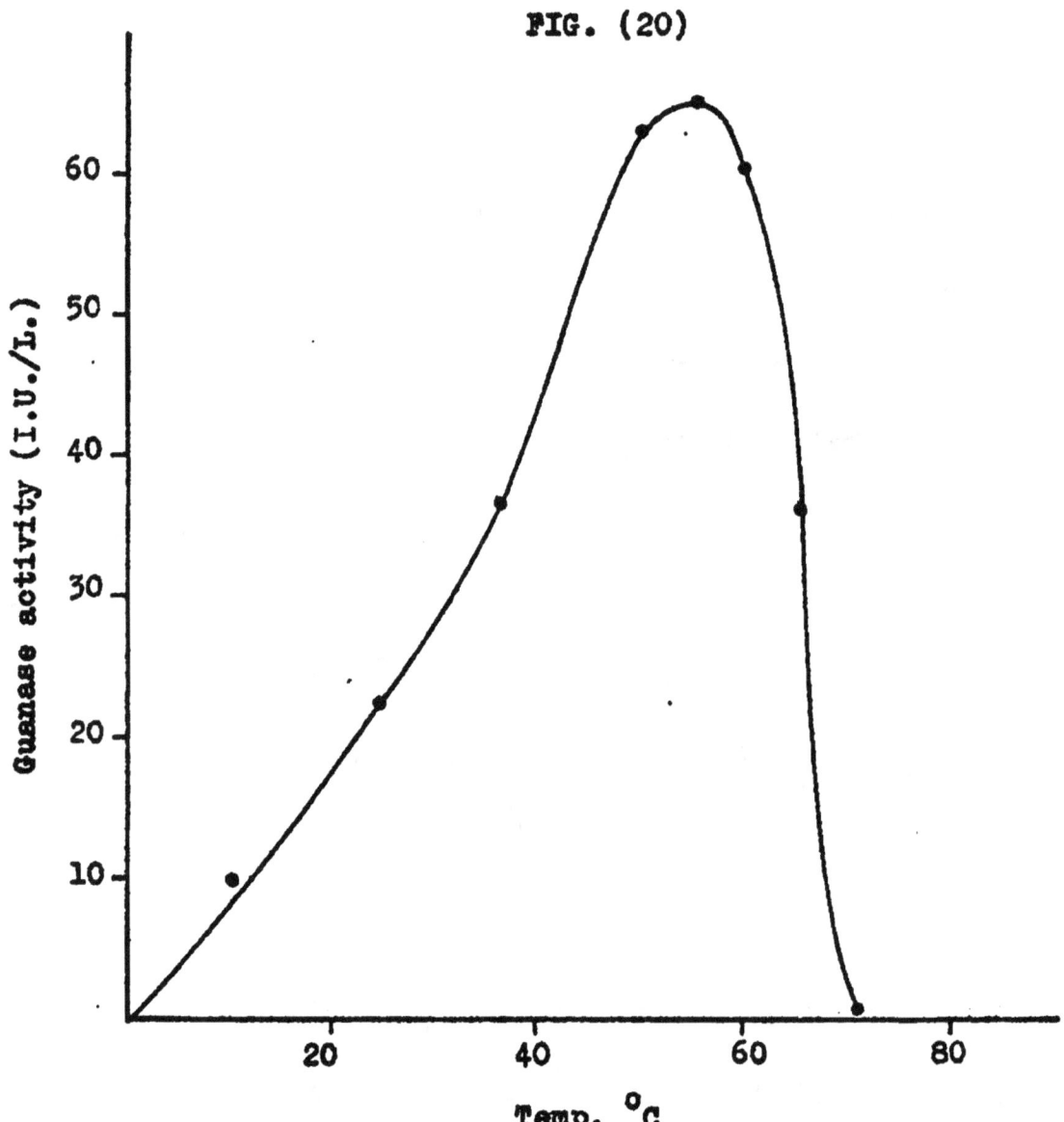

FIG. (20)

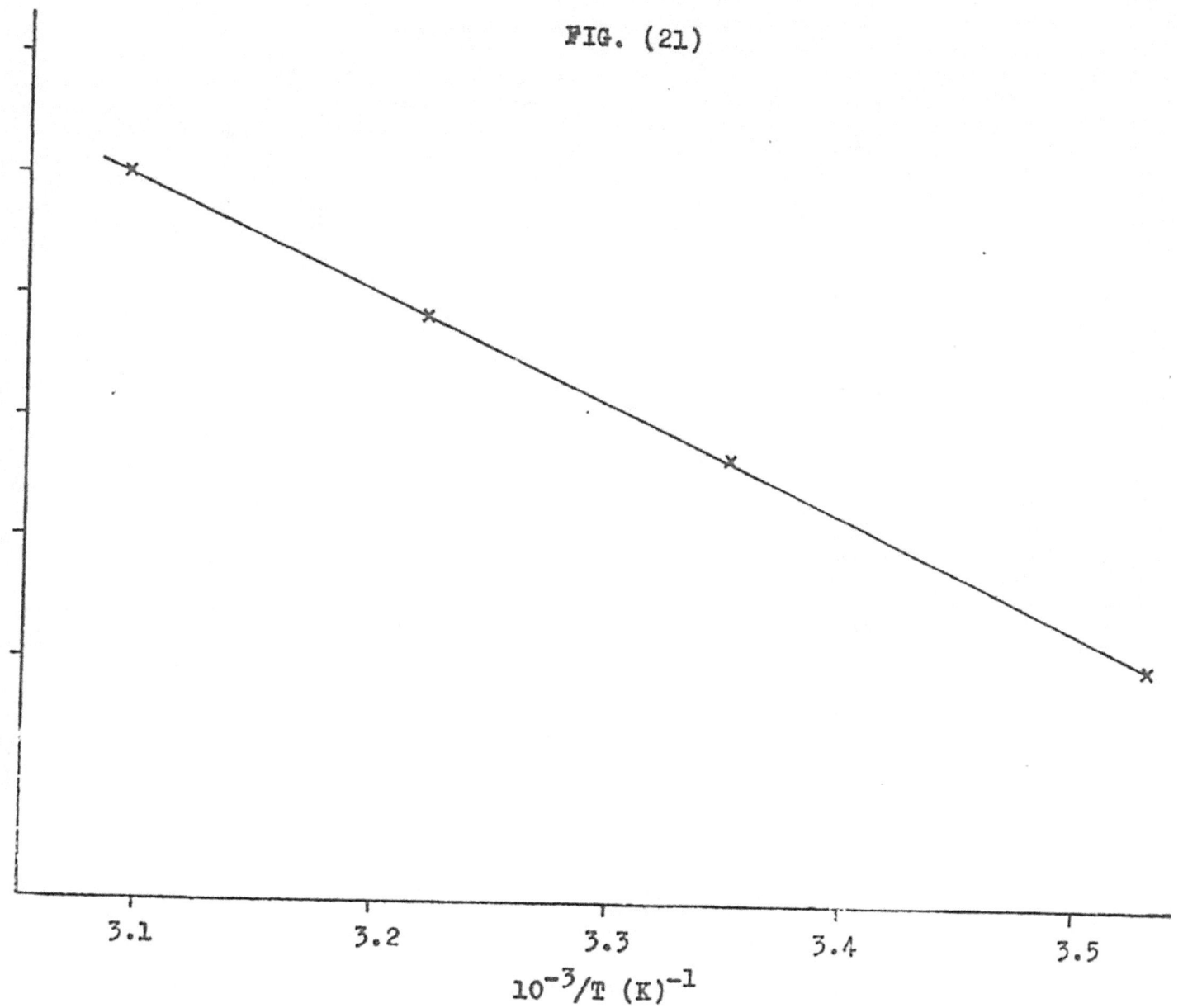

FIG. (21)

$10^{-3}/T \ (K)^{-1}$

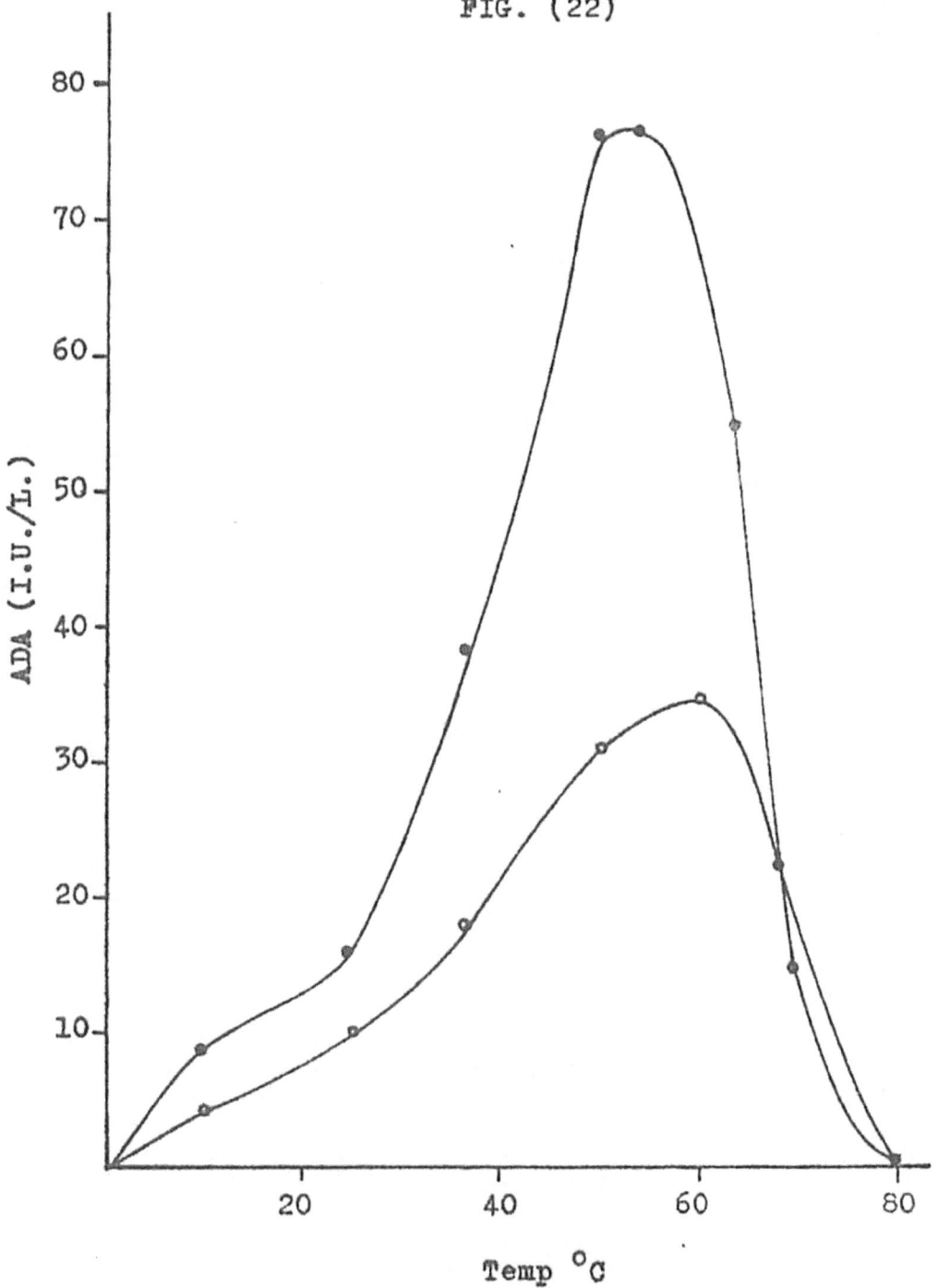

FIG. (22)

FIG. (23)

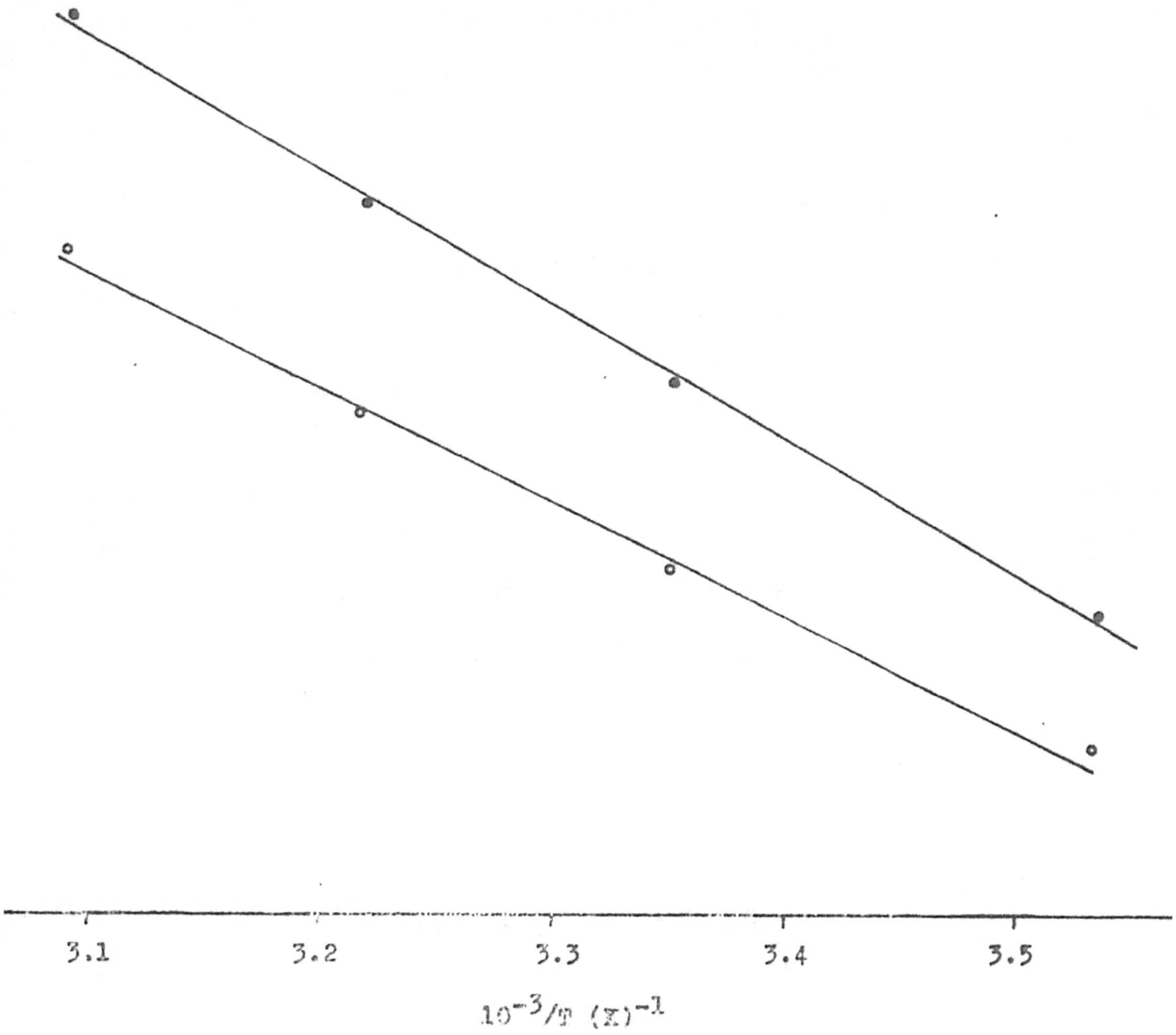

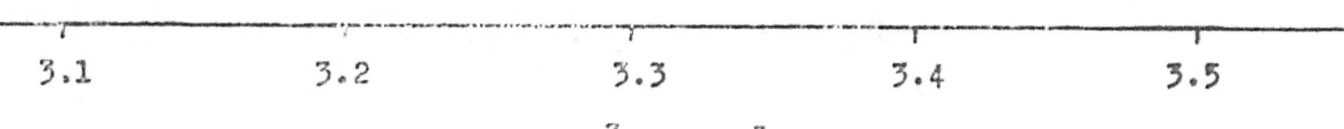

$10^{-3}/T$ $(K)^{-1}$

٦) فصل متناظرات .G و ADA من مصل الدم البشري الطبيعي •

شكل (٢٤)

فصل متناظرات .G و ADA مصل الدم البشري الطبيعي وذلك من رسم فعاليتهما وكمية البروتين وعدد الأجزاء الناضحة خلال الجل المرشح G200 • ان طريقة العمل مذكورة في الجزء (ب ـ ٣) من تجارب البحث •

شكل (٢٤ آ)

فصل بروتينات الاجزاء المختلفة الناضحة خلال الجل المرشح G200 بطريقة الهجرة الكهربائية للمتناظر I ل .G و ADA في مصل الدم البشري الطبيعي •

شكل (٢٤ ب)

كما مذكور في تعليق (٢٤ آ) ولكن للمتناظر III ل ADA

FIG. (24)

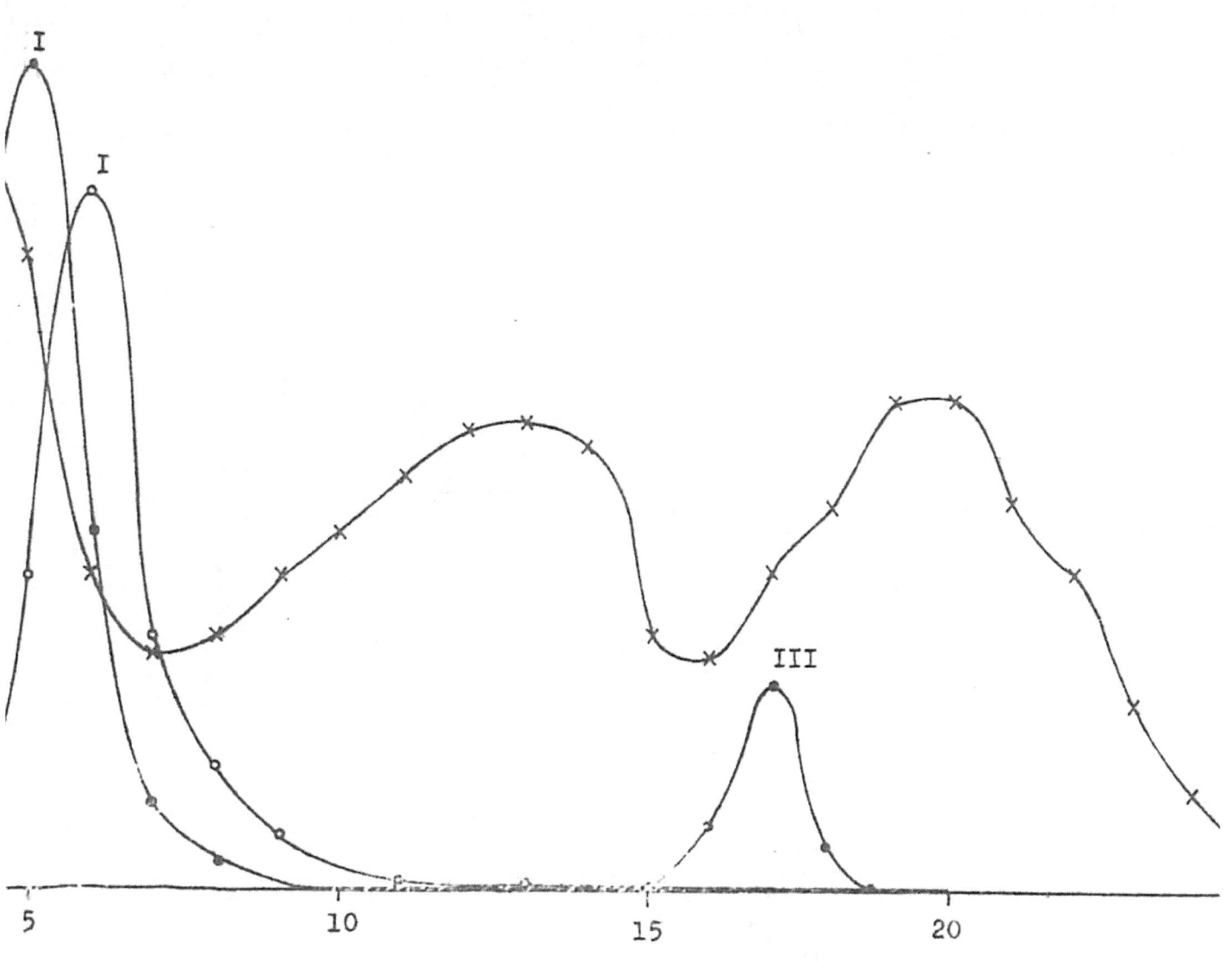

Fraction no.

FIG. (24-A)

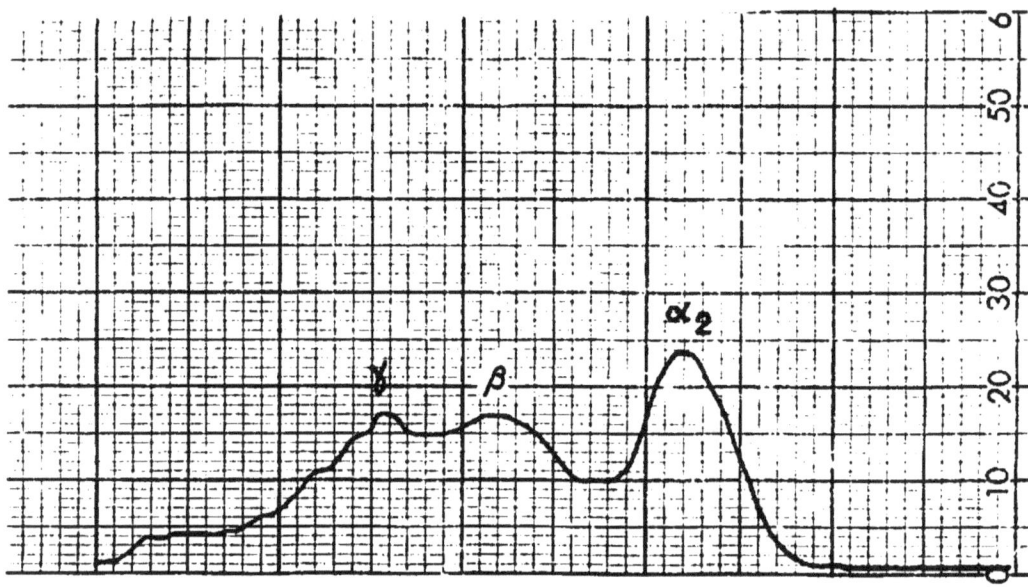

FIG. (24-B)

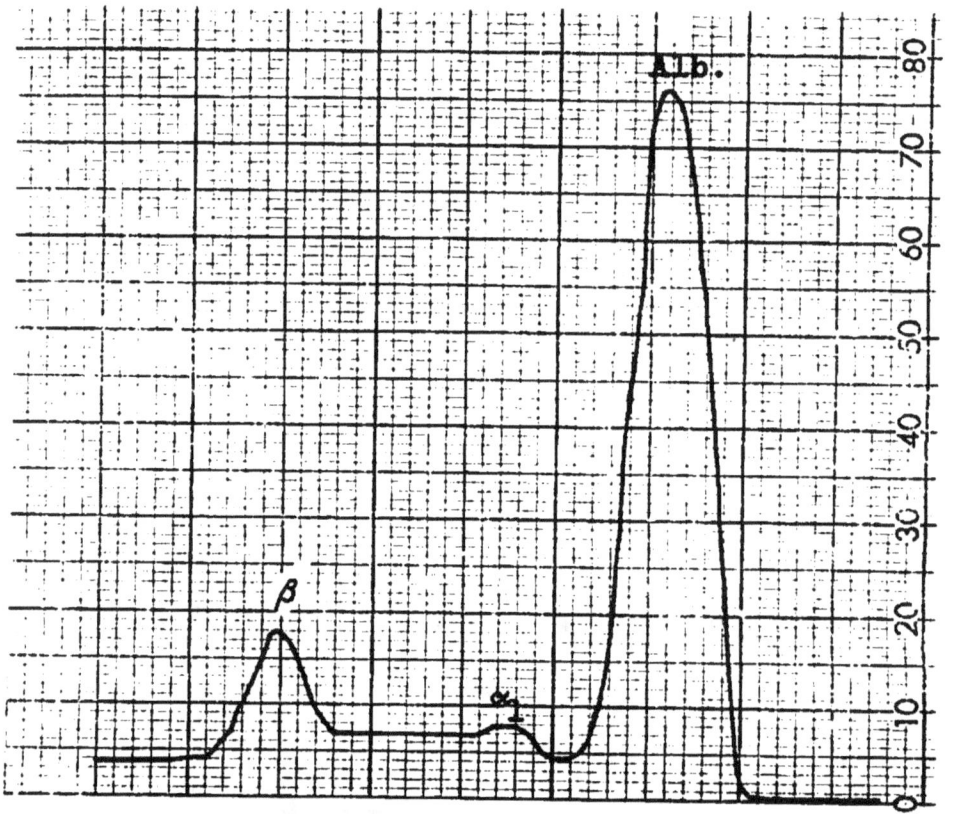

٧) فصل متناظرات .G و ADA من مصل المصابين بالتهاب الكبد الفيروسي الحاد .

شكل (٢٥)

فصل متناظرات .G و ADA مصل المصابين بالتهاب الكبد الفيروسي الحاد الى متناظرين (I ، II) ل .G وثلاث متناظرات (I ، II ، III) ل ADA وذلك من رسم فعاليتهما وكمية البروتين وعدد الأجزاء الناضحة خلال الجل المرشح G200 ان طريقة العمل مذكورة في الجزء (ب) من تجارب البحث .

شكل (٢٥ آ)

فصل بروتينات الأجزاء المختلفة الناضحة خلال الجل المرشح G200 بطريقة الهجرة الكهربائية . للمتناظر I ل .G و ADA في مصل دم المصابين بالتهاب الكبد الفيروسي الحاد .

شكل (٢٥ ب)

كما مذكور في تعليق شكل (٢٥ آ) ولكن للمتناظر II ل ADA

شكل (٢٥ ج)

كما مذكور في تعليق شكل (٢٥ آ) ولكن للمتناظرين II و III ل .G و ADA على التوالي .

FIG. (25-A)

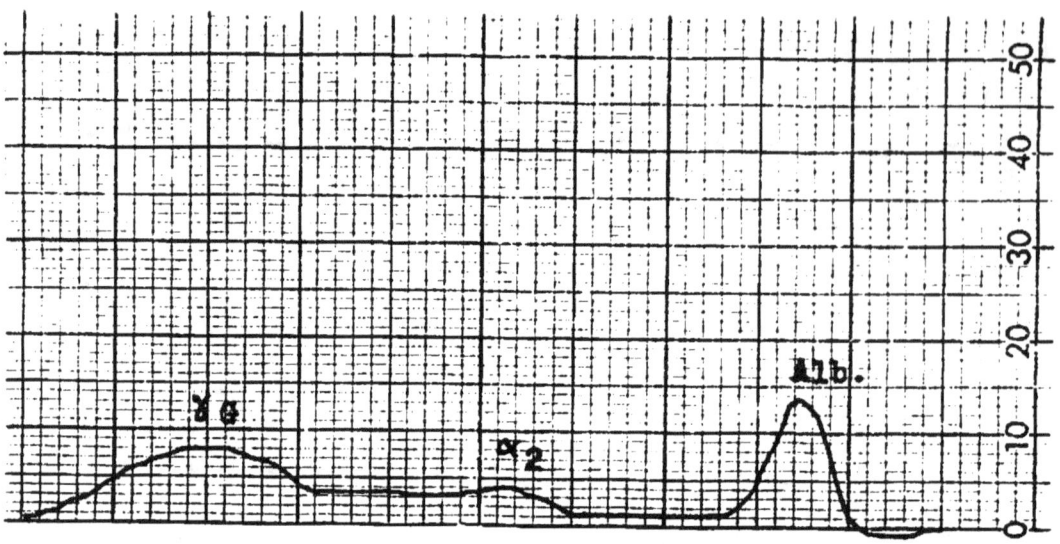

FIG. (25-B)

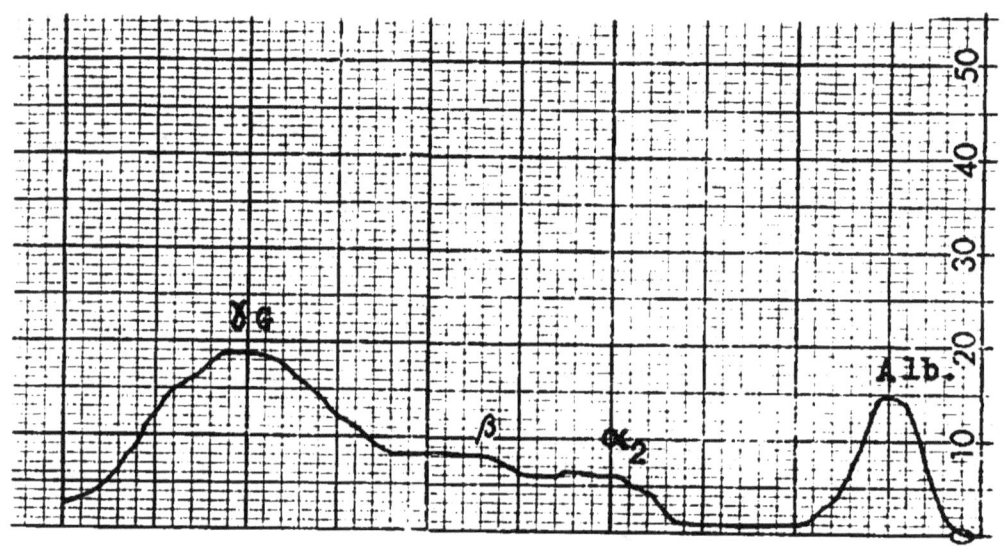

FIG. (25-C)

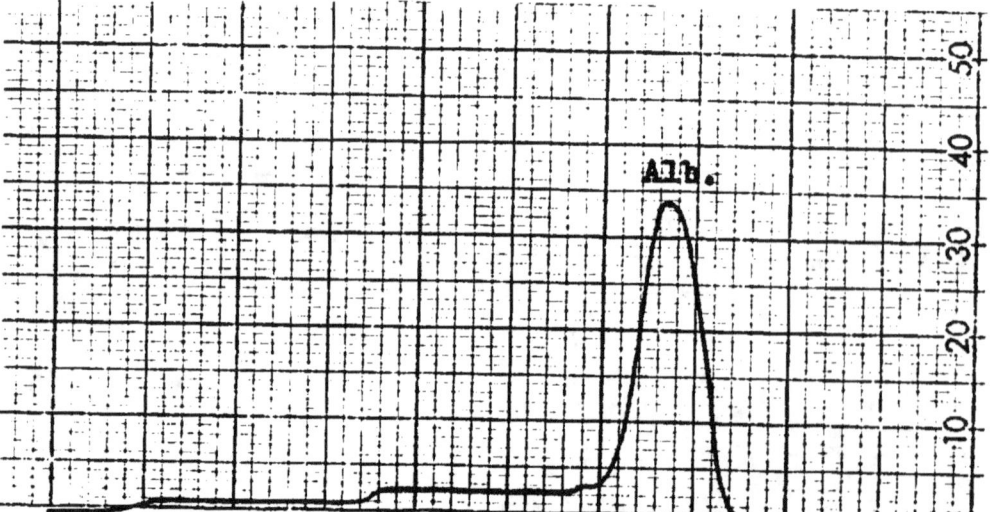

٨) متابعة نشاط .G و ADA أثناء معالجة المصابين بالتهاب الكبد الفيروسي الحاد •

شكل (٢٦)

يوضح التغير الحاصل في نشاط .G و ADA في مصل المرضى المصابين بالتهاب الكبد الفيروسي ، أثناء فترة معالجتهم في المستشفى من رسم فعالية الانزيمين وكمية البرونزولون المأخوذة من قبل المريض وعدد أيام العلاج •

شكل (٢٧)

نفس التعليق المذكور في شكل (٢٦) ولكن بدون اعطاء البرونزولون للمريض ، (اقتصار العلاج على الراحة والبرنامج الغذائي الخاص) •

شكل (٢٨)

يوضح التغير الحاصل في نشاط مجموعة الانزيمات ومستوى البليروبين بالدم ، لغرض مقارنتها مع التغير في نشاط .G و ADA • أثناء فترة معالجة المصابين بالتهاب الكبد الفيروسي الحاد • من رسم فعالية هذه الانزيمات في مصل المريض وعدد أيام العلاج •

شكل (٢٩)

متابعة التغير في نسبة نشاط .G / نسبة نشاط ADA في مصل المصابين بالتهاب الكبد الفيروسي الحاد أثناء معالجتهم بالبرونزولون وبدونه • من رسم نسبة .G / ADA وعدد أيام العلاج •

(o——————o) يمثل المعالجة بالبرنامج الغذائي الخاص والراحة التامة للمريض •

(●——————●) يمثل المعالجة بالبرونزولون والبرنامج الغذائي الخاص والراحة التامة للمريض •

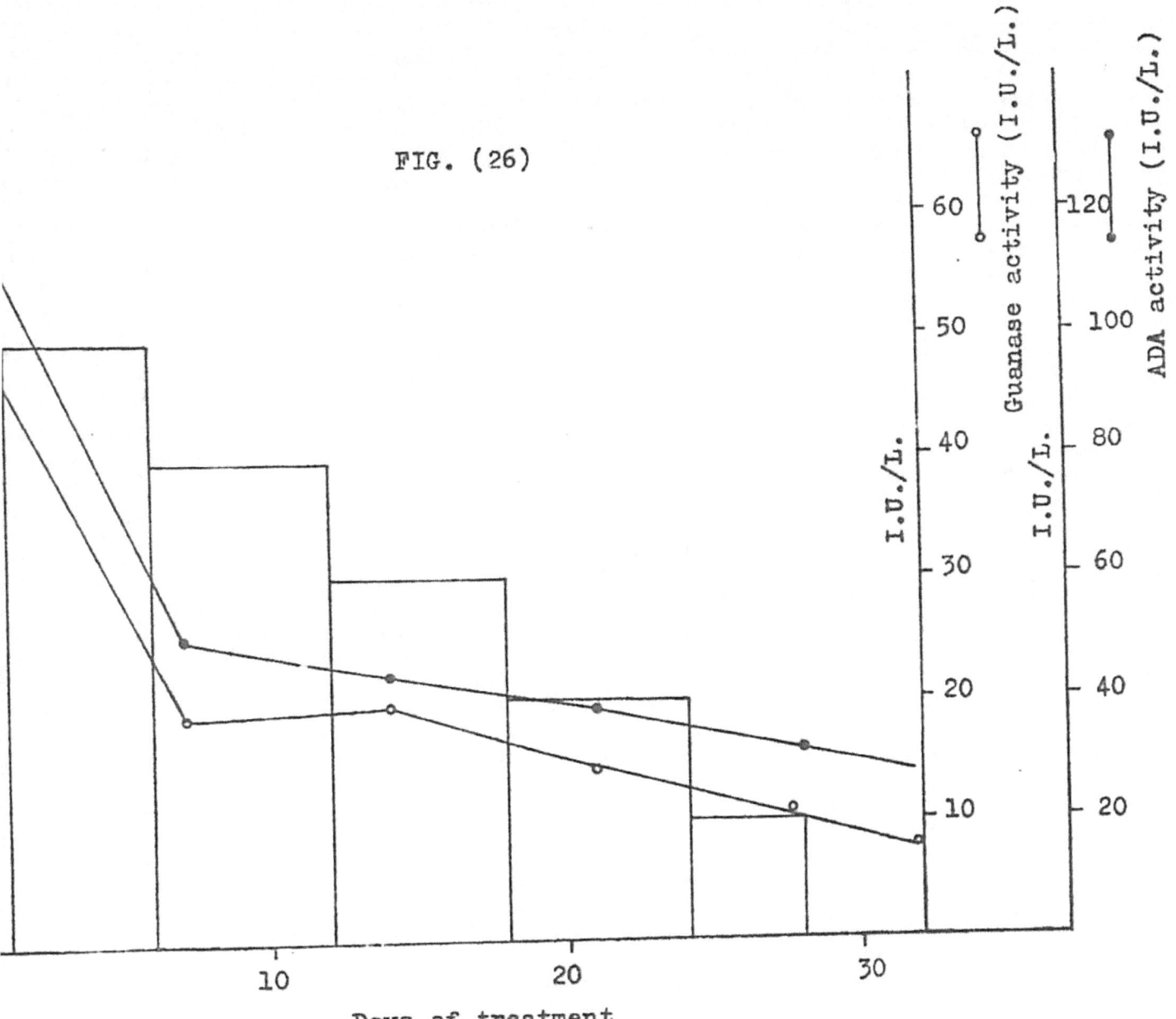

FIG. (26)

Guanase activity (I.U./L.)
ADA activity (I.U./L.)
I.U./L.
I.U./L.
60
50
40
30
20
10
120
100
80
60
40
20
10
20
30
Days of treatment

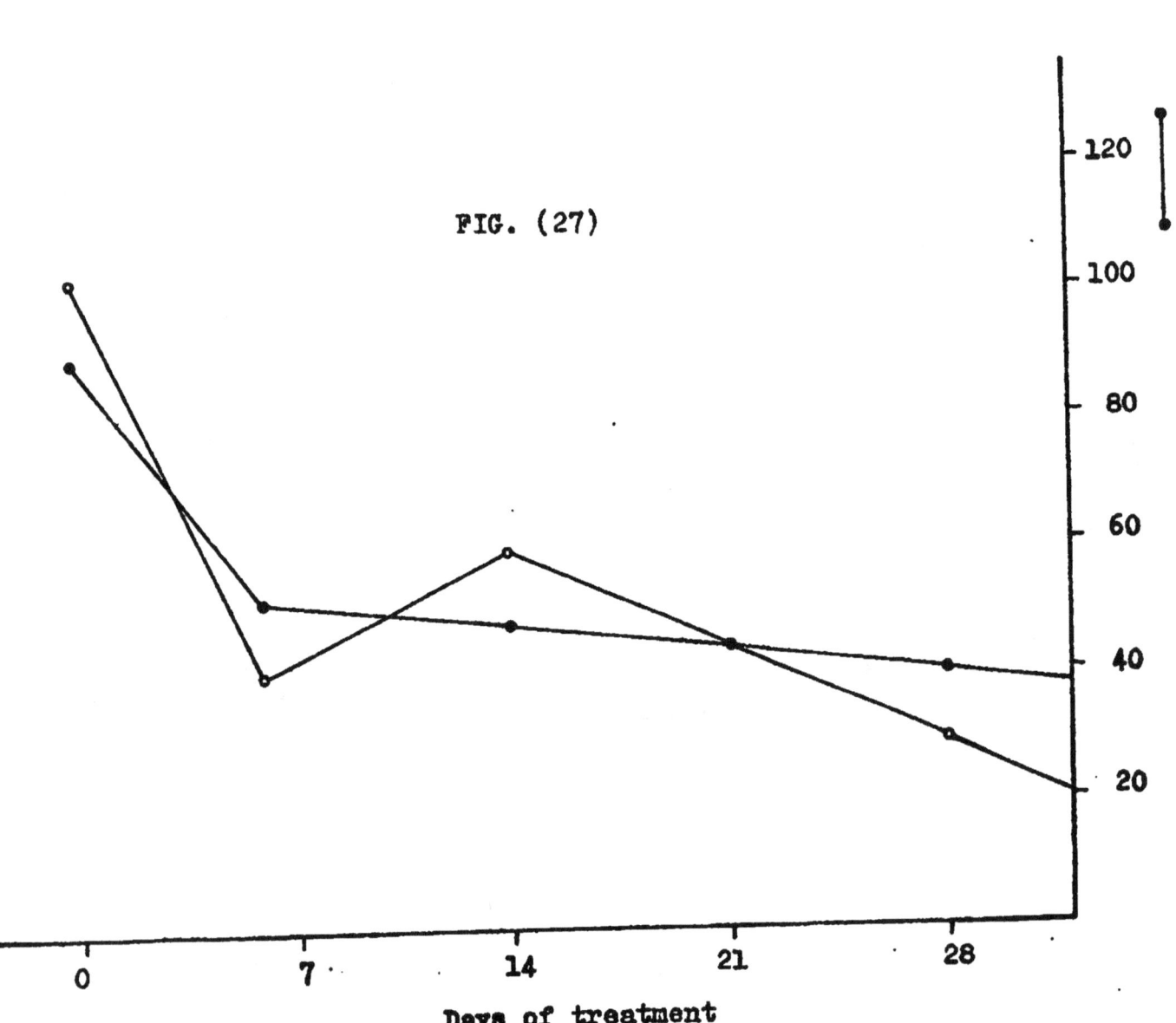

FIG. (27)

ADA activity (I.U./L.)
120
100
80
60
40
20
0
7
14
21
28
Days of treatment

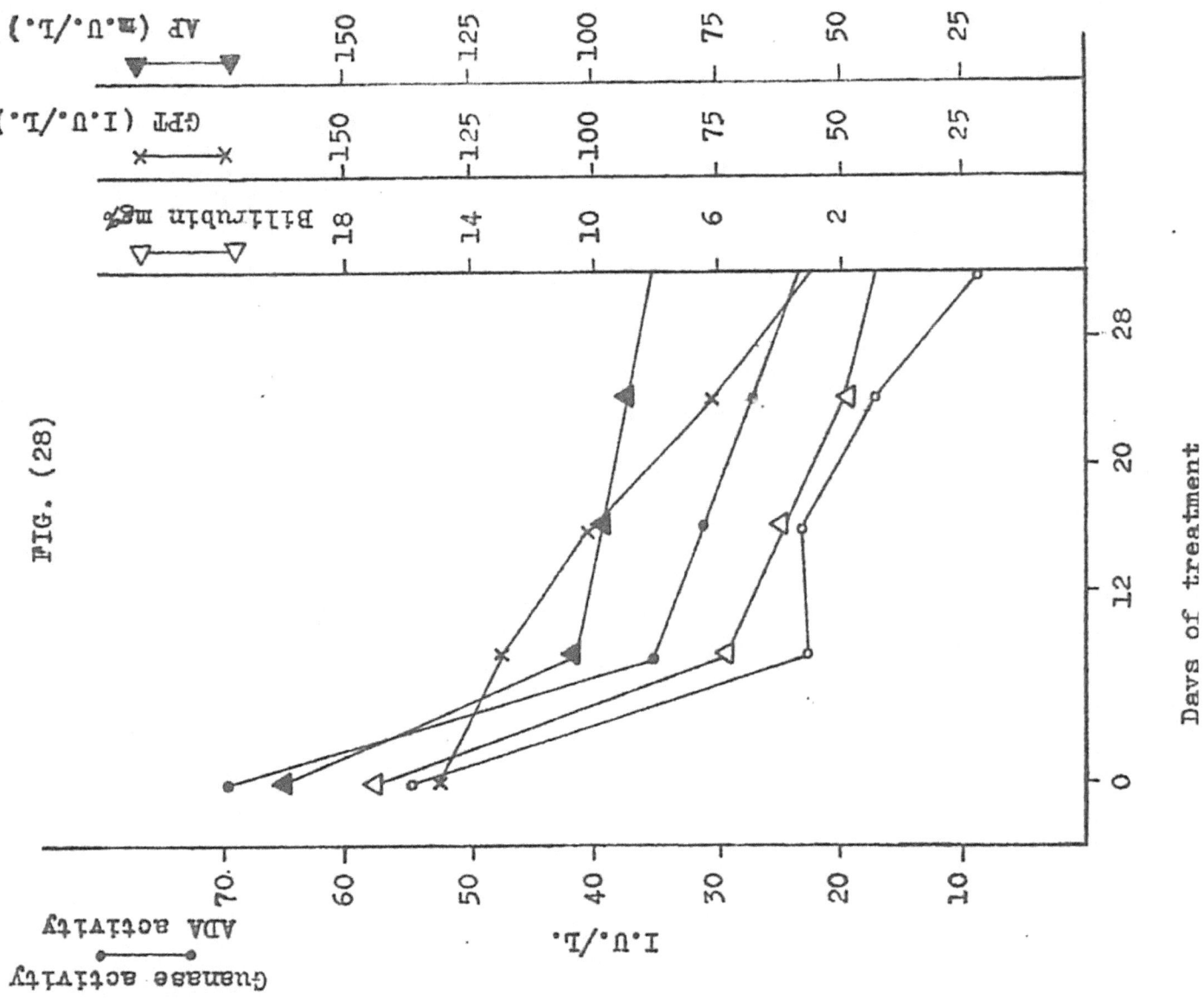

FIG. (28)

Guanase activity
ADA activity
I.U./L.
70
60
50
40
30
20
10
0
12
20
28
Days of treatment
Bilirubin mg%
18
14
10
6
2
GPT (I.U./L.)
150
125
100
75
50
25
AP (m.U./L.)
150
125
100
75
50
25

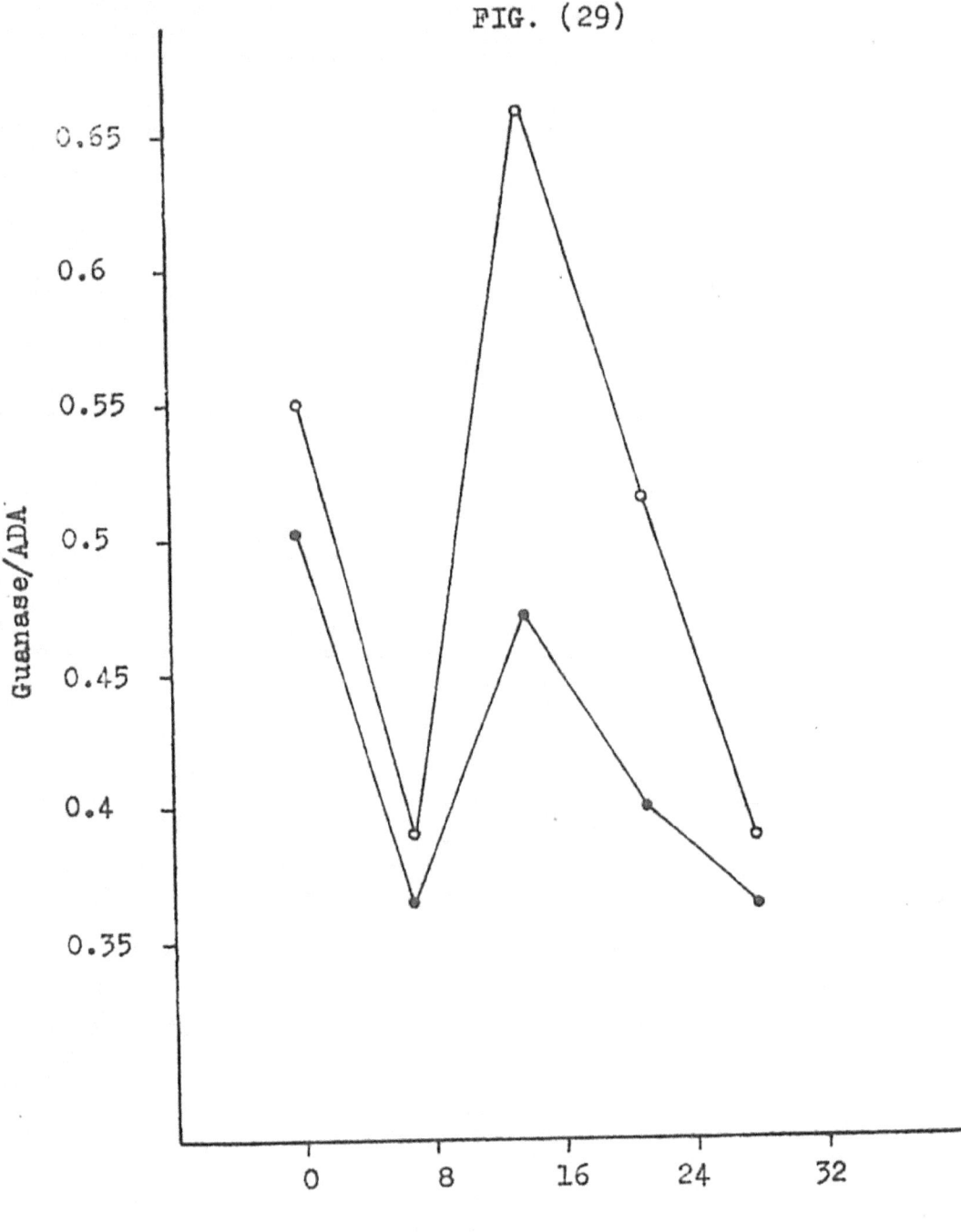

FIG. (29)

0.65
0.6
0.55
0.5
0.45
0.4
0.35
Guanase/ADA
0
8
16
24
32
Days of treatment

٩) متابعـة التغيـر في قيمـة Km لمـواد أسـاس الـ .G و ADA فـي مصـل المصابيـن بالتهـاب الكبـد الفيروسـي الحـاد أثنـاء المعالجة .

شـكل (٣٠)

يوضح التغيـر في قيمـة Km لـ Guanine لـ .G في مصل المصابين بالتهاب الكبـد الفيروسـي أثنـاء معالجتهم . من رسـم Km وعدد أيـام العـلاج .

(o———————o) يمثـل المعالجـة بالبرونزولـون .

(⊗———————⊗) بـدون البرونـزولـون .

شـكل (٣١)

نفـس التعليق المذكور في شـكل (٣٠) ولكن في حالة اسـتعمال 8-azaguanine لـ .G

شـكل (٣٢)

نفـس مامذكـور في تعليـق شـكل (٣٠) ولكـن في حالـة اسـتعمال Adenosine لـ ADA .

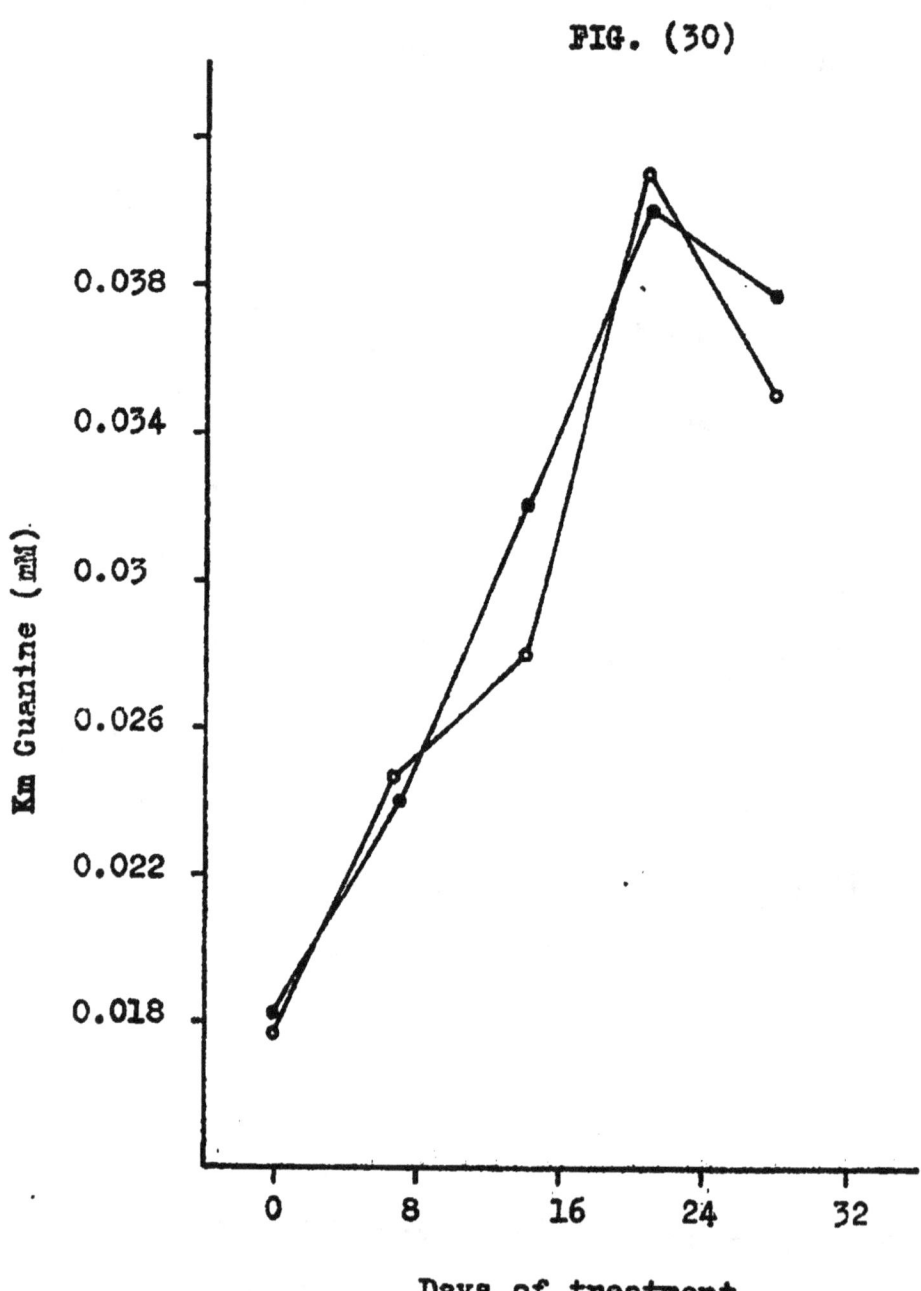

FIG. (30)

0.038
0.034
0.03
0.026
0.022
0.018
Km Guanine (mM)
0
8
16
24
32
Days of treatment

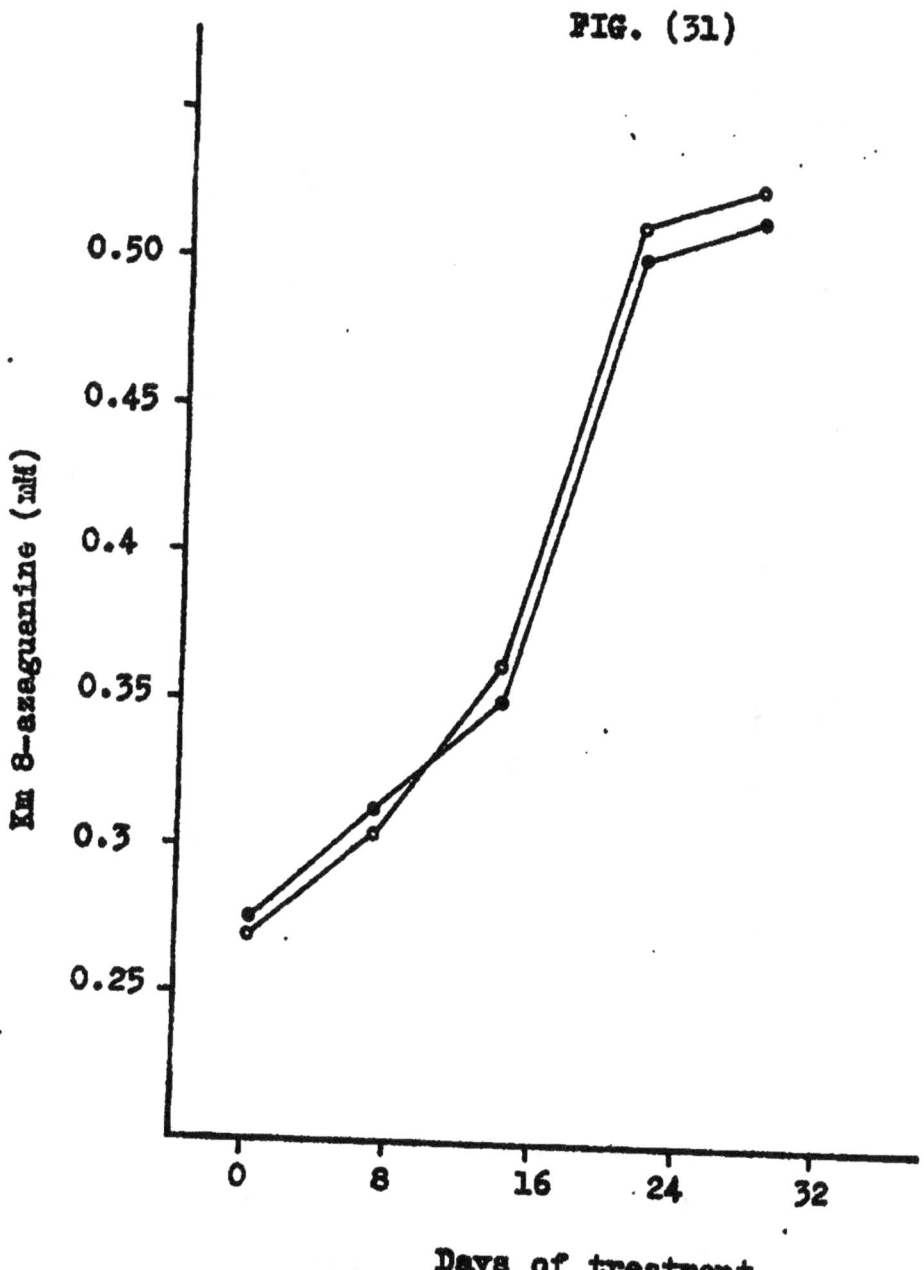

FIG. (31)

0.50
0.45
0.4
0.35
0.3
0.25
Km 8-azaguanine (mM)
0
8
16
24
32
Days of treatment

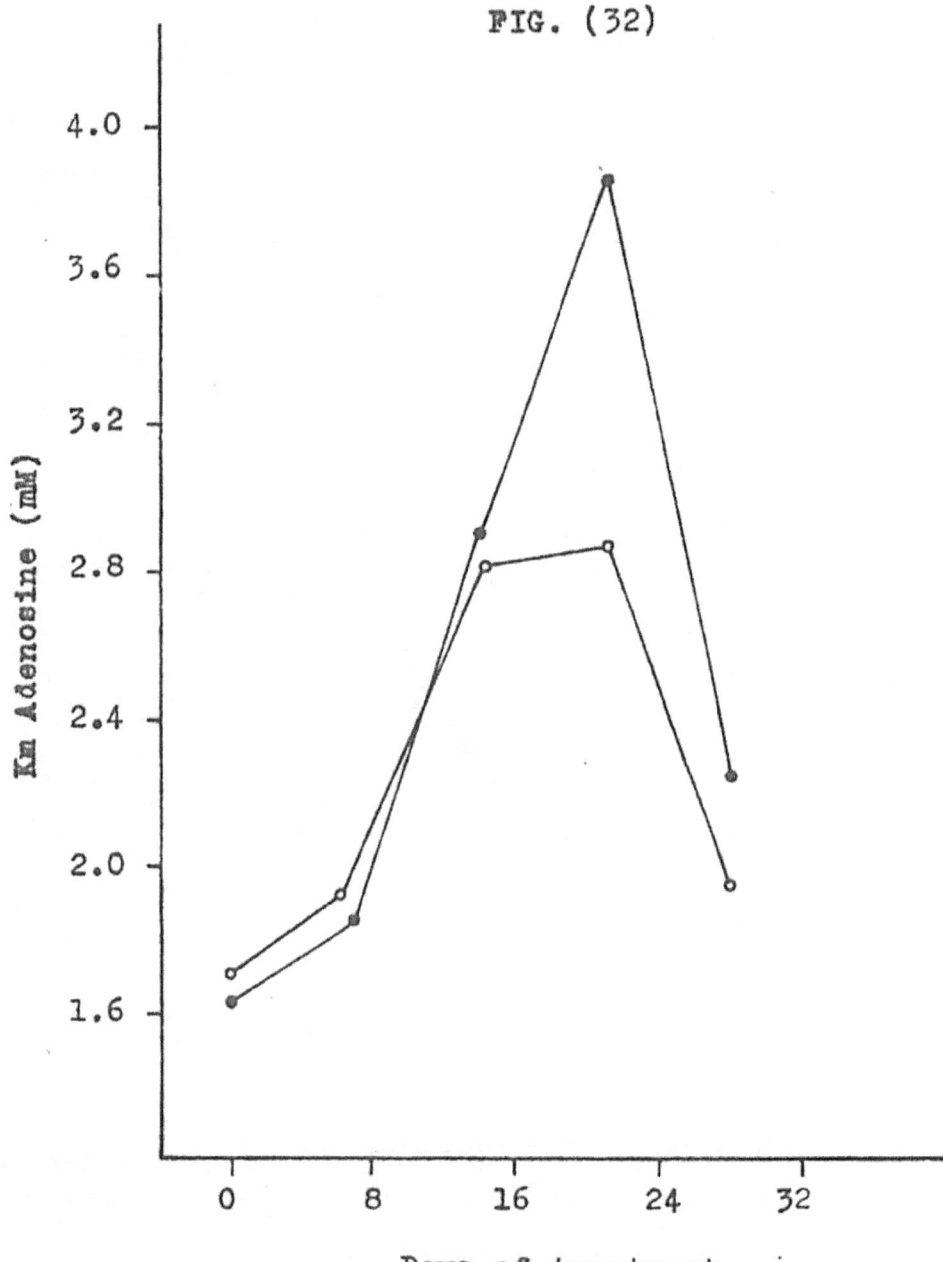

FIG. (32)

4.0
3.6
3.2
2.8
2.4
2.0
1.6
Km Adenosine (mM)
0
8
16
24
32
Days of treatment

١٠) متابعة تأثير درجة الأس الهيدروجيني على نشاط G. و ADA في مصل المصابين بالتهاب الكبد الفيروسي الحاد ، أثناء معالجتهم ،

شكل (٢٣)

أثر درجة الأس الهيدروجيني على السرعة القصوى V_{max} للتفاعل المحفز بـ G. في مصل المصابين بالتهاب الكبد الفيروسي الحاد ، أثناء فترة المعالجة بالبرونزولون ، واثناء استعمال Guanine في منظم الـ Tris .

(●———●) يمثل مصل المصابين بالتهاب الكبد الفيروسي قبل المعالجة .

(○———○) يمثل مصل المصابين بعد اسبوع من بدء المعالجة بالبرونزولون .

(▲———▲) يمثل مصل المصابين بعد اسبوعين من بدء المعالجة بالبرونزولون .

(△———△) يمثل مصل المصابين بعد ثلاثة أسابيع من بدء المعالجة بالبرونزولون .

(×———×) يمثل مصل المصابين بعد أربعة أسابيع من بدء المعالجة بالبرونزولون .

شكل (٣٤)

نفس ماذكور في تعليق شكل (٣٣) ولكن عند استعمال 8-azaguanine في منظم الفوسفات .

شكل (٣٥)

نفس ماذكور في تعليق شكل (٣٣) ولكن للتفاعل المحفز ب عند استعمال Adenosine في منظم الفوسفات .

شكل (٣٦)

التغير الحاصل في قيمة ثابت تفكك الاحماض الامينية (pK) في المراكز النشطة ل G. و ADA في مصل المصابين بالتهاب الكبد الفيروسي الحاد خلال فترة المعالجة بالهرد نزولون . من رسم قيمة (pK) لـ G. و ADA وعدد أيام العلاج .

(●———●) يمثل G. في مصل المصابين .

(○———○) يمثل ADA في مصل المصابين .

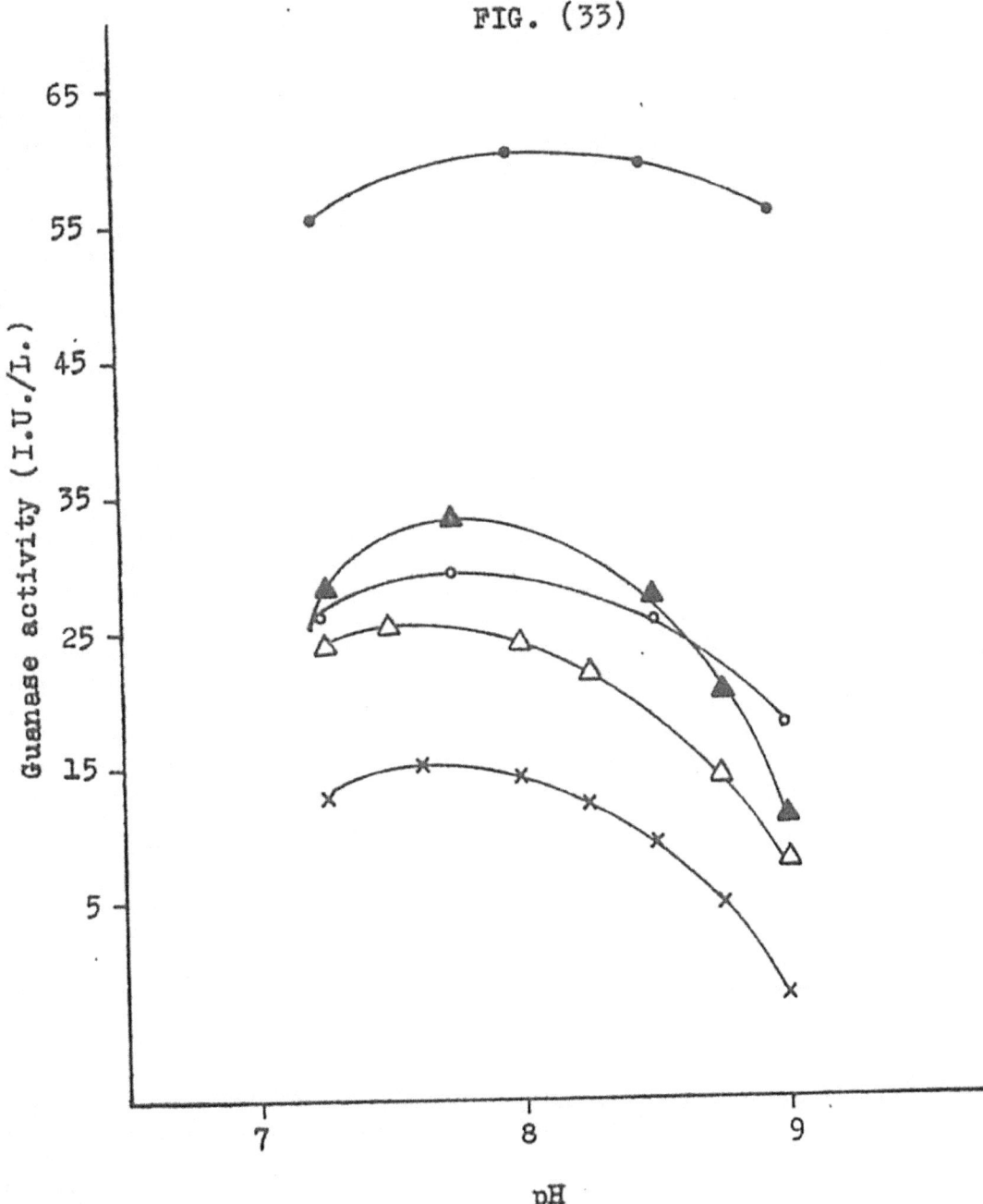

FIG. (33)

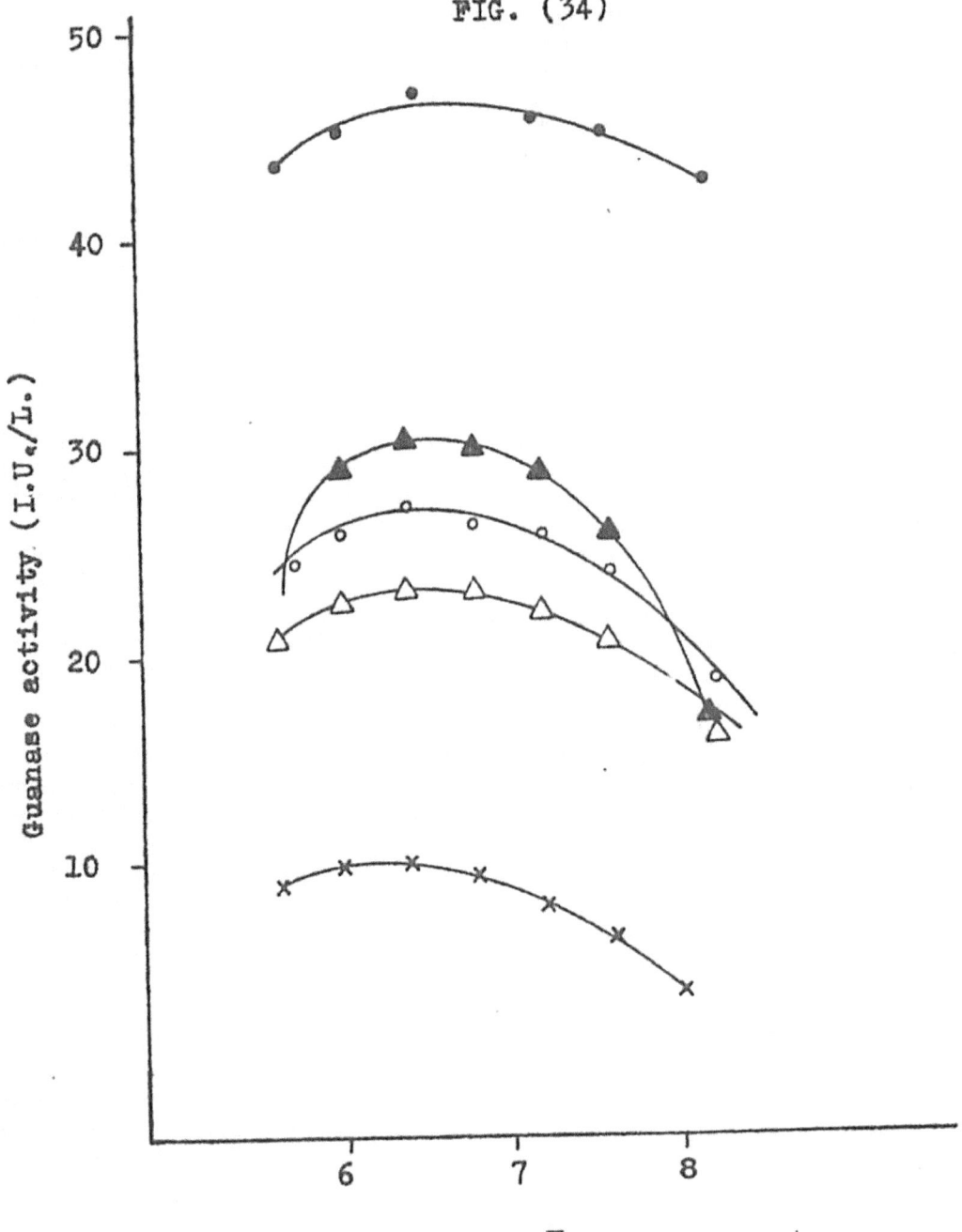

FIG. (34)

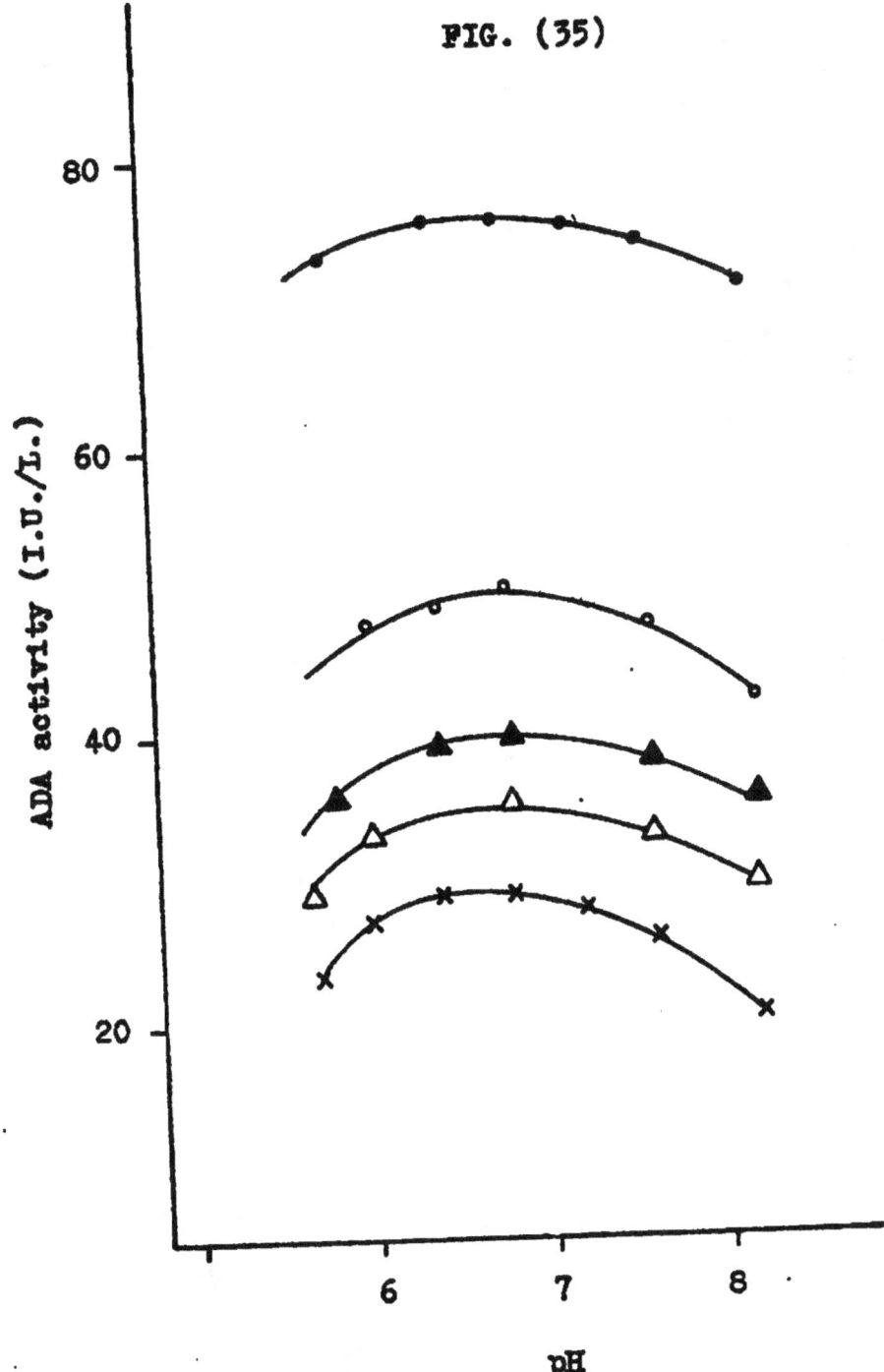

FIG. (35)

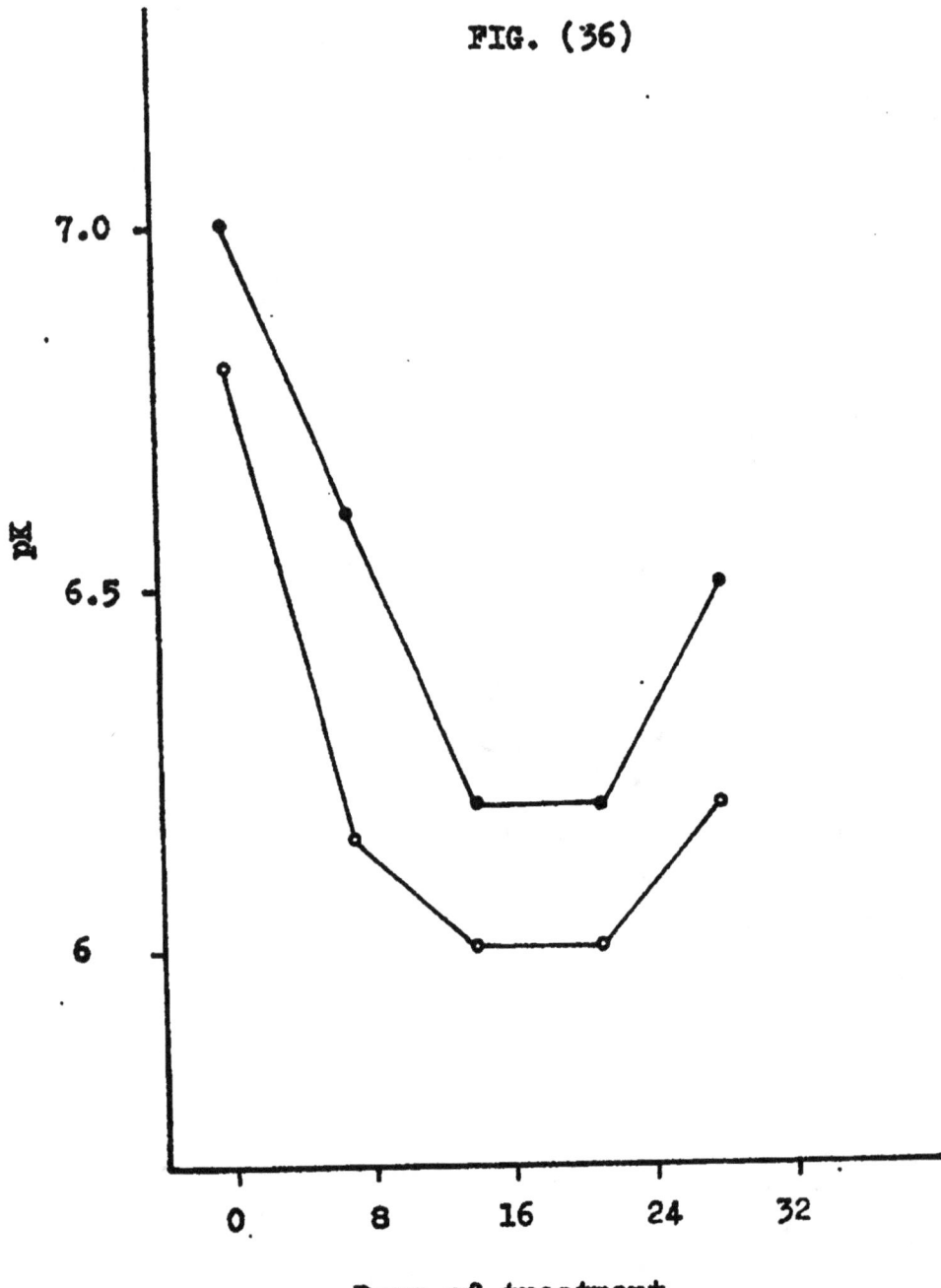

FIG. (36)

(١١) متابعــة تأثيـر د رجـة الحرارة على نشـاط .G و ADA فـي مصـل المصابيـن بالتهـاب الكبـد الفيروسـي الحاد أثنـاء المعالجة بالبردنزولون

شـكل (٣٧)

يمثـل تأثيـر د رجـات حرارة حضـن التفاعل المختلفة على نشـاط .G فـي مصـل المصابيـن بالتهـاب الكبـد الفيروسـي الحـاد ، وعند استعمال 8-azaguanine فـي منظـم الفوسـفات .

(●———●) يمثـل مصـل المصابيـن بالتهاب الكبـد الفيروسـي قبـل المعالجـة بالبردنزولـون .

(○———○) يمثـل مصـل المصابيـن بعد اسبوع مـن بـدء المعالجـة بالبرد نزولـون .

(▲———▲) يمثـل مصـل المصابيـن بعد أسـبوعين مـن بـدء المعالجـة بالبرد نزولون .

(△———△) يمثـل مصـل المصابيـن بعد ثلاثـة أسـابيع مـن بـدء المعالجـة بالبرد نزولون .

(×———×) يمثـل مصـل المصابيـن بعد أربعـة أسـابيع مـن بـدء المعالجـة بالبرد نزولون .

شـكل (٣٨)

نفس ماذكور في تعليق شـكل (٣٧) ولكن فيما يخص تأثير د رجة الحرارة على شكل نشاط ADA ، عند استعمال Adenosine فـي منظـم الفوسـفات .

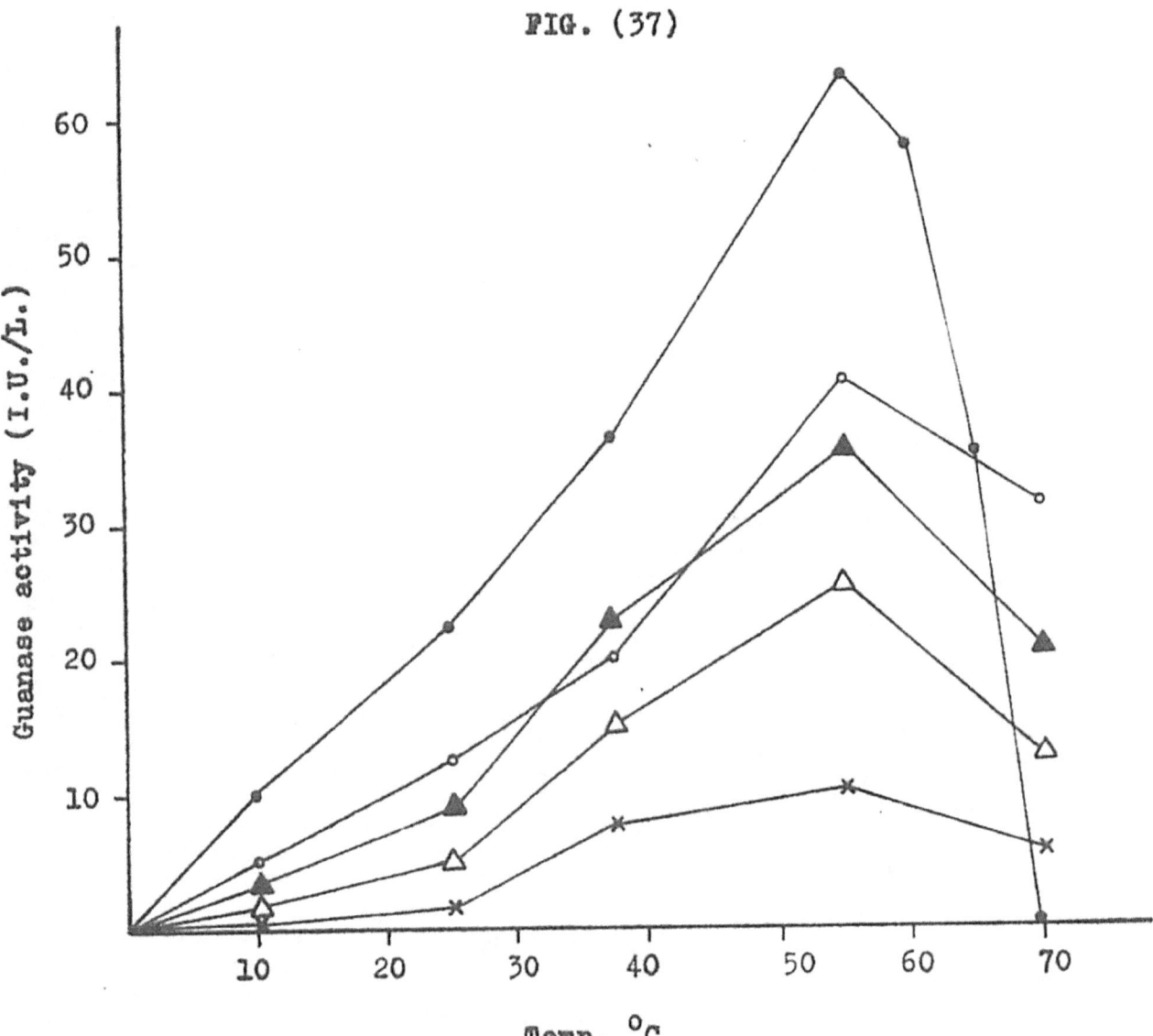

FIG. (37)

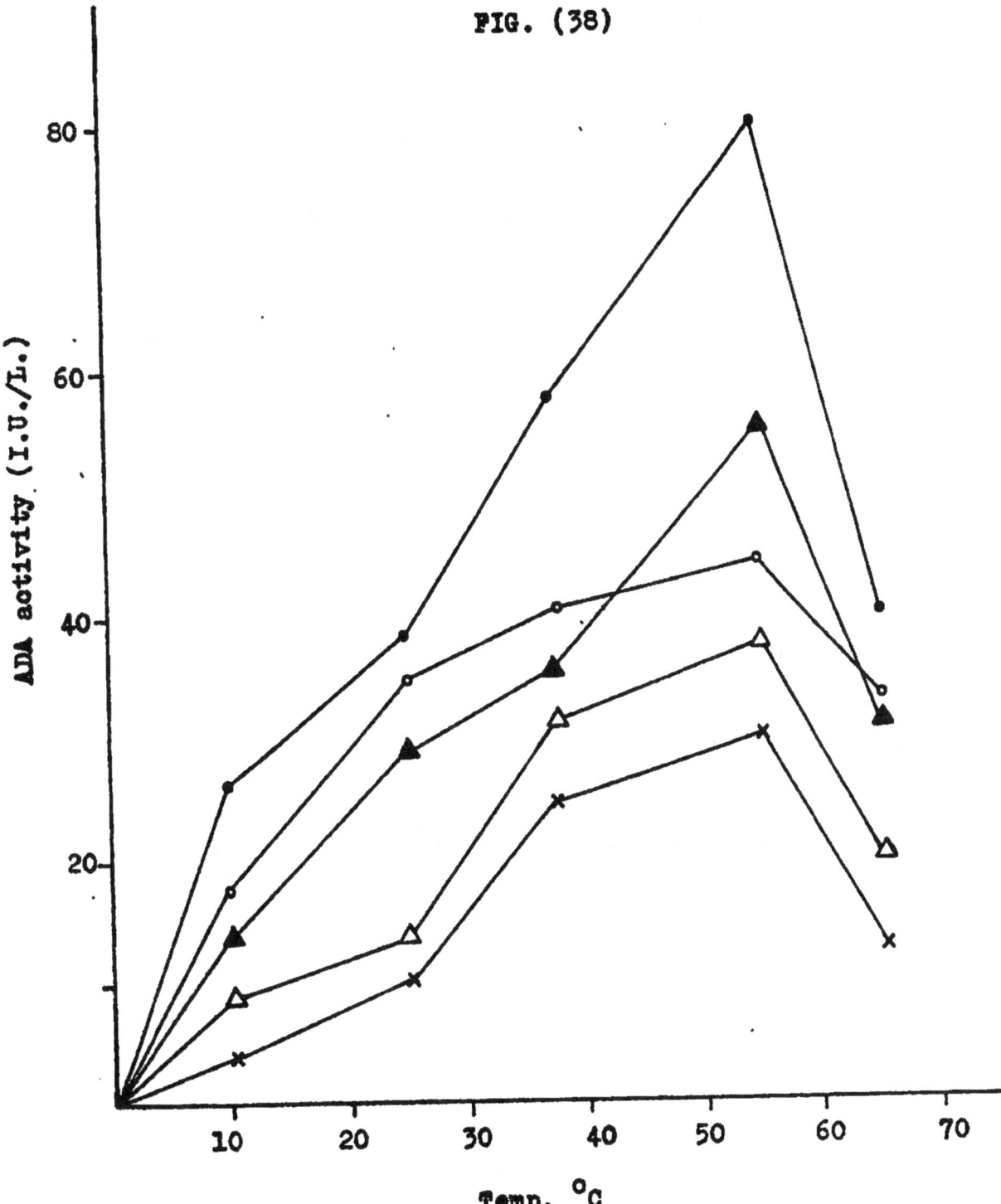

FIG. (38)

١٢) متابعة نشاط متناظرات .G و ADA في مصل المصابين بالتهاب الكبد الفيروسي الحاد أثناء المعالجة بالبردنزولون ٠

شكل (٣٩)

نشاط المتناظران I و II لـ .G في مصل المصابين بالتهاب الكبد الفيروسي الحاد والمفصوله خلال عملية الترشيح بالجل G200 ، أثناء فترة المعالجة ٠ من رسم نشاط المتناظران وعدد أيام العلاج ٠

(●——●) يمثل المتناظر I ٠

(▲——▲) يمثل المتناظر II ٠

شكل (٤٠)

نشاط المتناظرات I ، II وIII لـ ADA في مصل المصابين بالتهاب الكبد الفيروسي الحاد والمفصوله خلال عملية الترشيح بالجل G200 ، اثناء فترة المعالجة ٠ من رسم نشاط المتناظرات وعدد أيام العلاج ٠

(●——●) يمثل المتناظر I.

(▲——▲) يمثل المتناظر II.

(△——△) يمثل المتناظر III.

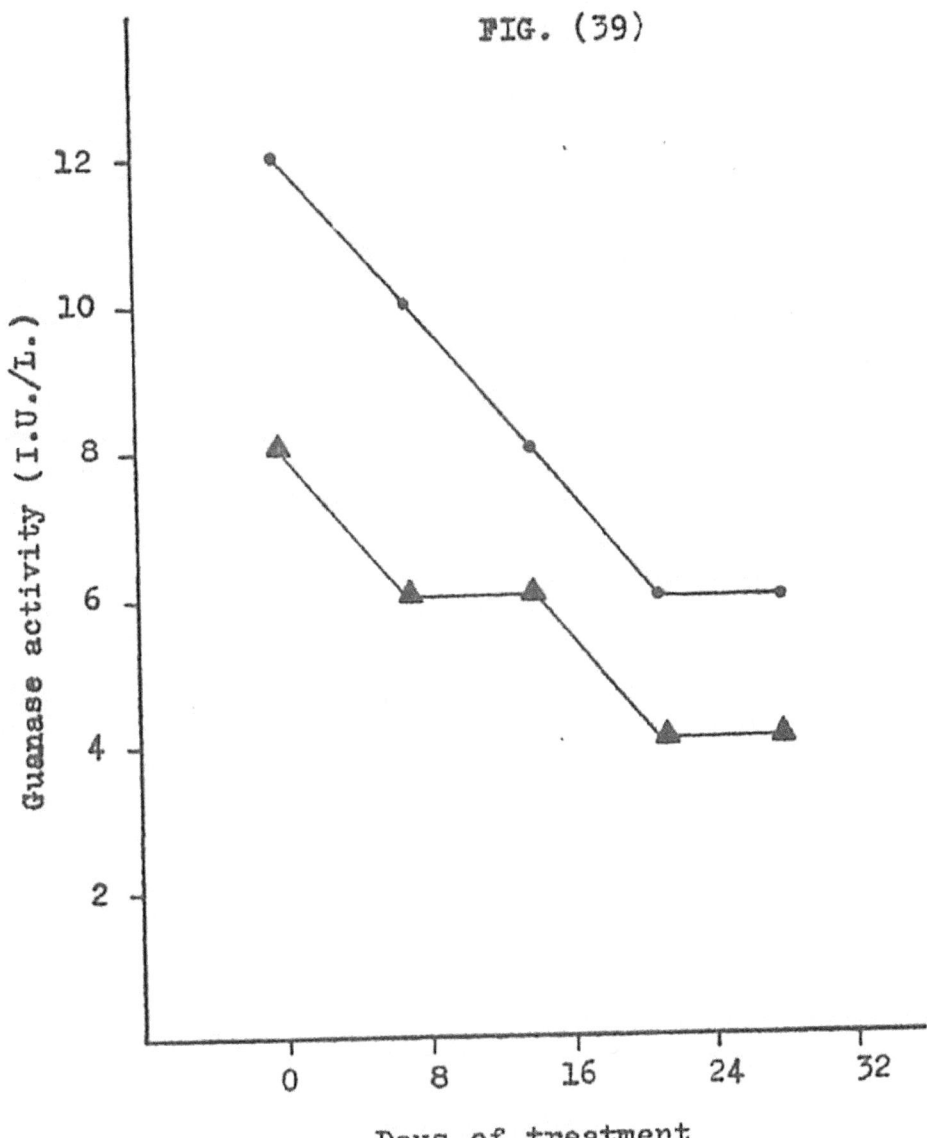

FIG. (39)

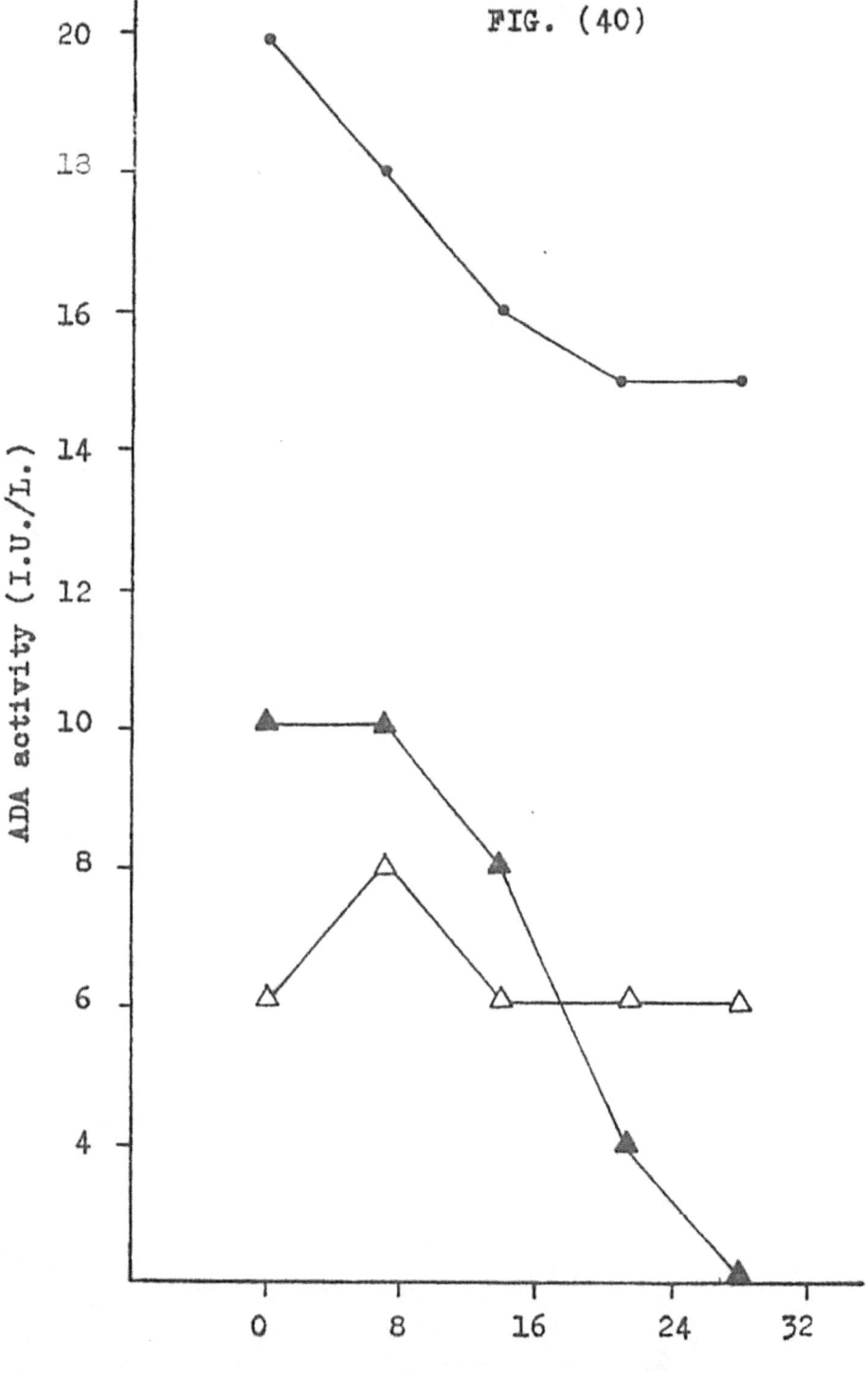

FIG. (40)
ADA activity (I.U./L.)
20
18
16
14
12
10
8
6
4
0
8
16
24
32
Days of treatment

Chapter Five

Results & Discussion

الفصل الخامس :ــ

النتائج ومناقشتها

تشمل هذه الرسالة على دراسة نشاط .G و ADA في مصل الدم البشري والتي تلعب أدوارا رئيسية في العمليات الحيوية التي يعكس نشاطها تطبيقات مهمة في المجالات الطبية وخاصة في تشخيص أمراض الكبد المختلفة والتميز فيما بينهما (17,71)(144-147) ، كما ان لقلة البحوث المنشورة في الادبيات عن هذين الانزيمين في المصل وحدوديتها وحداثتها ماشجعنا على التعمق في دراسة خصائصهما العامة والحركية لاعطاء الصورة الكاملة عنهما لغرض الوقوف على مدى امكانية مساهمتها في علم الانزيمات التشخيصي السريري وكذلك في العمل الروتيني للمختبرات السريرية ، لاستعمالها في فحوصات وظائف الكبد المهمة . وخاصة ان الادبيات لم تشر اطلاقا الى القيام بدراسة الثوابت الحركية لـ .G و ADA ومتابعتهما في أمصال المصابين بالتهاب الكبد الفيروسي .

أ ــ نشاط .G و ADA في مصل الاصحاء والمصابين بالتهاب الكبد الفيروسي الحاد :

١ ــ نشاط .G

عند دراسة نشاط .G في المصل استخدمنا طريقتين في القياس هما الطريقة الطيفية لكويست (71) (لعام ١٩٧٠) والطريقة اللونية لكراهام وكولد بيرك (101) (لعام ١٩٧٢) والمذكورتين في

الجزء (ب ـ ١) من الفصل الثاني • والغرض من ذلك الوقوف على أصلح طريقة لتعيين نشاط .G في المصل البشري ولاختيار الاكثر دقة فيهما للدراسات الحركية • وقد حصلنا على نتائج متساوية لنشاط .G في كلا الطريقتين • ولكن الطريقة الطيفية لقياس نشاط .G تعتبر اكثر ملائمة للاغراض السريرية من حيث الدقة وتوفير الوقت • وقد ارتفعت فعالية .G في مصل المصابين بالتهاب الكبد الفيروسي في ٤٠ حالة من مجموع ٤٢ حالة مرضية وكما موضح في الجدول (١) ، أي بنسبة ٢٣ر٩٥٪ عن فعاليته في مصل الاصحاء •

بلغ معدل نشاط .G في مصل الاصحاء (٢٧ر٢ ± ١٥ر١) وحدة عالمية/ لتر من المصل عند العمل على ٤٠ نموذج من أشخاص طبيعيين تراوحت أعمارهم (٨ ـ ٤٥ سنة) كما في جدول (٢) •

وبلغ معدل فعالية .G في مصل المصابين بالتهاب الكبد الفيروسي (٢٥ر٤٢ ± ١١ر١٦) وحدة عالمية/ لتر •

وعند مقارنة النتائج المذكورة في جدول (٢) عن نشاط .G بالقيم التي حصل عليها الباحثين ، الذين تركزت دراساتهم على ايجاد الطريقة الافضل في التحري عن نشاط .G في المصل الطبيعي ومقارنتها مع نشاط .G في مصل المصابين بأمراض مختلفة ، يمكن ذكر نتائج دراساتهم بالشكل التالي : ميكلود في عام ١٩٦٧ حصل على (110) نشاط لـ .G في مصل الاصحاء بلغ مداه (٠ ـ ٤ر٣) وحدة عالمية/ لتر ، نايف في عام ١٩٦٥ حصل على مدى الفعالية من ٠ الى ٣ وحدة عالمية/ لتر في مصل الاصحاء (74,79) والذي ينطبق مع نتائج كاروي في

عام ١٩٦٦ ونايسين ودورن في عام ١٩٦٨ (148) وقد ذكر كالنتي وكويست (100) في عام ١٩٧٠ ان معدل نشاط G. في المصل الطبيعي بلغ ٢١ر٢ ± ٢ عند عملهم على اكثر من مائة شخص طبيعي ، وقد استخدموا في القياس نفس الطريقة الطيفية المعتمدة في البحث (104) .

ان مدى فعالية G. في مصل المصابين بالتهاب الكبد الفيروسي وكما في الجدول (١) بلغت (٨ر٤ – ٨٥) وحدة عالمية/ لتر ومعدل (٢٥ ر٤٢) وحدة عالمية/ لتر . وعند مقارنتها بنتائج مندل وماكلنج (عام ١٩٧٠) المتضمنة دراسة نشاط G. في أمصال العديد من الحالات المرضية (109) والتي شملت تعيين نشاط G. في أمصال ٩٨ حالة من التهاب الكبد الفيروسي ، فوجدوا أن أقل نشاط ل G. في أمصال مرضى التهاب الكبد الفيروسي ٣٠ وحدة عالمية/ لتر وأعلى فعالية ١٢٨ وحدة عالمية/ لتر ، ويمكن ملاحظة التقارب مع النتائج المدونة في جدول (١) . وقد حصل كودلي في عام ١٩٦٨ على معدل ٨ ر٢٨ وحدة عالمية / لتر لنشاط G. في مصل المصابين بالتهاب الكبد الفيروسي ومعدل ٧ ر٤ وحدة عالمية/ لتر في مصل المصابين بغير الأمراض الكبدية (111) خلال عمله على ٥٠ حالة من التهاب الكبد الفيروسي . والتي تتألف من (٣٤ حالة من النوع أ و ١٦ حالة من النوع ب من التهاب الكبد الفيروسي) .

ان الطريقة الطيفية لقياس نشاط G. في المصل لكويست (71) ، تم اعتمادها في قياس نشاط G. في أمصال الأصحاء والمصابين بالتهاب الكبد الفيروسي وحسب ماذكور في الجزء (ب – ١ – أ) من الفصل

الثاني ، وبعد التأكد من فعالية XOD المستورد خصيصا للقيام بهذه الطريقة ، وتم الحصول على (٢،٥ ـ ٣) وحدة عالمية/ سم٣ من نشاط XOD في درجة (٢٥ م°) ، وتم التأكد بعدم وجود أي فعالية لـ XOD في مصل الأصحاء والمصابين بالتهاب الكبد الفيروسي .

٢ ـ نشاط ADA

ان معدل نشاط ADA في مصل الأصحاء بلغ (١٦،٨٨ ± ٣،٠١) وحدة عالمية/ لتر كما موضح في الجدول رقم (٢) وعند استعمال الطريقة اللونية في القياس لكالانتي وكويست (149) والمفصلة في الجزء ب (١ ـ د) من الفصل الثاني ، وهي مطورة أساسا عن طريقة مارتنيك لعام ١٩٦٣ . وبلغ عند تطبيق نفس الطريقة في قياس نشاط ADA في أمصال المصابين بالتهاب الكبد الفيروسي أن معدل الفعالية (٧٣،٠٩ ± ١١،٥٣) وحدة عالمية/ لتر ، كما في الجدول (٢) وعند مقارنة هذه النتائج مع ماحصل عليه الباحثين في دراستهم لفعالية بعض الانزيمات في الحالات الطبيعية والمرضية من ضمنها ADA يمكن عرض نتائجهم بالشكل التالي : مولر وآخرين (86) (عام ١٩٦٦) حصل على معدل ٥،٤ ± ١،١٢ وحدة عالمية/ لتر لنشاط ADA في مصل الأصحاء ، سشي وآخرين (150) (عام ١٩٦٧) ـ ٤،٤٢ وحدة عالمية/ لتر في مصل الأصحاء ، كولد بيرك (151) (عام ١٩٦٥) ـ ٢،٣٨ ± ١،٤٣ وحدة عالمية/ لتر مصل الأصحاء مارتنيك (147) (عام ١٩٦٣) ٥،٩ ± ١٧،٦ وحدة عالمية/ لتر

من مصل الأصحاء ، كوهليرونز (عام ١٩٦٢ م)[118] — ٨ ر١٠ وحدة عالمية/ لتر من مصل الأصحاء ، ستراوب وآخرين[116] (عام ١٩٥٧) ٦ — ١٨ وحدة عالمية / لتر من مصل الأصحاء ، سفارتز وودانسكي[117] (عام ١٩٥٩ م) ٤٩ ر١٢ ± ٥ ر٢ وحدة عالمية/ لتر من مصل الاصحاء ، كويست ، كاستدنري وكالنتي[152] (عام ١٩٧٢) ٨ ر١٥ ± ٧ ر٣ وحدة عالمية/ لتر من مصل الأصحاء ، وكويست وكالنتي عام (١٩٦٨ — ١٩٧٠) ٠٥ر١٧±٧٥ر٣ وحدة عالمية/ لتر من مصل الأصحاء[115][121-123] .

وقد حصل كراوشنلسكي وآخرين (عام ١٩٦٥) أثناء دراستهم ٢٠ حالة من التهاب الكبد الفيروسي تتراوح أعمارهم (٢٣ — ٦٩ سنة) أن مدى نشاط ADA كان ٨ ر٣٠ — ٦٩ وحدة عالمية/ لتر من أمصالهم[145] .

وتوصل كرلد بيرك عام ١٩٦٦ ; الى أن مدى فعالية ADA في مصل المصابين بالتهاب الكبد الفيروسي تتراوح من (٦٠ — ١٣٦) وحدة عالمية/ لتر من المصل ومعدل ٩٢ وحدة عالمية/ لتر[153] .

يتضح لنا مما سبق ان هناك ارتفاع كبير في فعالية G.O و ADA في مصل المصابين بالتهاب الكبد الفيروسي عن مستواتيها الطبيعية في مصل الأصحاء بمقدار (٥ — ٢٠) مرة و (٢ — ٥) مرة على التوالي . وقد كان لهذا الارتفاع دليل على حدوث اضطرابات في الكبد لأن هذه الانزيمات لاترتفع بشكل واضح الا في الأمراض الكبدية ، لتواجدها الرئيسي في هذا العضو[71,145] ويكون الارتفاع بهذا الشكل الحاد والذى حصلنا عليه والموضح في جدول (١) دليل على تعرض الخلايا الكبدية واصابتها

بالمرض الفيروسي والذى يؤدى الى تنخر هذه الخلايا وتسرب بعض الانزيمات الى المصل ، وازدياد فعاليتها بالشكل الملحوظ في النتائج ، ولذا أعتبر هذين الانزيمين من فحوصات وظائف الكبد المهمة والتي يمكن من خلالها الوقوف على حالة الكبد وتقدم المرض . (71,73,109,111,118,120,145,153)

أن وجود .G بالتركيز الضئيل في المصل الطبيعي والذى تمكسه فعاليته وقياسا بالمستوى الذى يبلغه في المصل عند حدوث الاصابة بمرض التهاب الكبد الفيروسي يعكس مدى الضرر الحقيقي الذى لحق بالخلية الكبدية بصفتها المصدر الرئيسي والاول لهذا الانزيم فكلما وجدت فعالية عالية في المصل ــ كلما كانت شدة التنخر الذى تتعرض له الخلايا الكبدية كبيرا وذلك لتوزع هذا الانزيم في كافة اجزاء الخلية (النواة ، السايتوبلازم والميتاكوندريا (71)) ويعتبر تعيين نشاط .G في مصل المرضى مقياسا دقيقا لحالة الكبد اكثر مما تعبر عنه الكثير من الفحوصات الكيمياوية المألوفة كقياس نشاط الانزيمات الناقلة لمجموعة الأمين . (144)

ان الانزيمات الناقلة لمجموعة الأمين يمكن ملاحظة زيادة في نشاطها في المصل اكثر من الحد الطبيعي بالمقدار الذى تبلغه عند الاصابة بأمراض الكبد : كأحتشاء المضلة القلبية والاحتشاء المعوى والتهاب البنكرياس الحاد وحتى في المصل الطبيعي الذى يحوى قليل من كريات حمراء متحلله . ولذا فهي تعجز على ان يدلل نشاطها عن حدوث أمراض الكبد فقط في حين أن .G يحتفظ بمستوى طبيعي من الفعالية في أمصال تلك الأمراض . (74,109,111,113,144,146)

وبما أن طريقة قياس نشاط .G في المصل بالطريقة الطيفية المذكورة في الجزء ب (١ ـ أ) من الفصل الثاني ، تستغرق ٢٠ـ ٣٠ دقيقة وتمتاز بدقة متناهيه وسهله التكاليف ويمكن تحقيقها في أبسط المختبرات التي يتوفر فيها جهاز مطياف ، لذا أقترح شمول .G ضمن فحوص الانزيمات المهمة طبيا في مستشفيات القطر ، نظرا للدور المهم الذى يقوم به في توضيح حالة الكبد .

اضافة الى أهمية .G في تشخيص أمراض الكبد فان ADA ومن خلال النتائج التي حصل عليها في جدول (١) يمكن أن يعتبر من فحوصات الكبد المرافقة لـ .G فقد وجد كراوشنسكي وآخرين في عام ١٩٦٥ ان ADA يمكن ملاحظة الزيادة في نشاطه عن الحد الطبيعي في أمصال المصابين بالتهاب الكبد الفيروسي قبل مرحلة ظهور اليرقان وحتى قبل ظهور أية أعراض مرضية واضحة . وذلك لنفاذه عبر أغشية الخلية الكبدية التي فقدت بعض السيطرة في النضوحيه (145).

وتعتبر هذه هي الاضرار الأولية التي تلحق بالخلية الكبدية نتيجة الاصابة بالمرض ، وتحدث قبل ظهور الأعراض المرضية الأولية كاليرقان (145,120).

ويحدث تسرب ADA ضمن البروتينات الصغيرة الأحجام الجزيئية والتي يعجز غشاء الخلية في السيطرة على خروجها ، ولذلك يلاحظ ارتفاع نشاط ADA في المصل مبكرا ومنذ بداية المرض (145).

وقد تم تعين قيمة نشاط .G/ نشاط ADA في مصل الأصحاء

والمصابين بالتهاب الكبد الفيروسي كما في جدول (١ و ٢) لغرض استخراج قيمة تشخيصية جديدة من خلال نشاط هذين الانزيمين . وقد تبين هنالك اختلاف واضح يقدر بـ (٨ر٣٧ ـ ٢ ر٧٣٪) عن تلك التي في مصل الاصحاء .

ب ـ الدراسات الحركية : لقد حفزتنا النتائج الأولية عن نشاط G. و ADA في مصل الاشخاص الطبيعيين والمصابين بالتهاب الكبد الفيروسي جدول (١ ، ٢) ومدى الاختلاف في النشاط في كلا الحالتين على التوسع في دراسة هذين الانزيمين باعتبارهما من فحوصات وظائف الكبد المهمة . (111,74,153,145,120,109,118)

وتمت دراسة الصفات الحركية لـ G. و ADA في كلا المصلين الطبيعي والمرضي نظرا لأهمية هذه الصفات في الدراسات الانزيمية . (154-157)

ولغرض تعيين ثوابت حركية للانزيمين وفي مختلف الظروف الكيمياوية والفيزياوية بغية ايجاد قيم أخرى تعبر عن طبيعة الانزيمين في المصل الى جانب قياس الفعالية الذى تم دراسته في كلا المصلين الطبيعي والمرضي . أضافة الى تبني فكرة المتابعة المستمرة للحالات المرضية وملاحظة التغير الحاصل في النشاط والثوابت الحركية وفي ظروف مختلفة مع الاخذ بنظر الاعتبار العلاج المعتمد واثره على فترة المرض ، ولاتوجد أية دراسة مماثلة في الادبيات عن G. و ADA في التهاب الكبد الفيروسي .

١ــ قياس التراكيز المثلى للمواد الأسس لـ G. و ADA في أمصال الأصحاء والمصابين بالتهاب الكبد الفيروسي :

قيست التراكيز المثلى لـ Guanine و 8-azaguanine باعتبار كل منهما مادة أساس لـ G. بالطرق المذكورة في الجزء (ب ــ ٢) من الفصل الثاني . وتبين الأشكال (١ ، ٢) (٥ ، ٦) أن G. يستطيع معادلة ميكيلس منتن التالية :ــ (158,159)

$$V = \frac{V[S]}{Km + [S]}$$

حيث ان $\frac{[Guanine]\ 0.9}{[Guanine]\ 0.1} = 80$ من الشكل (١ ، ٢)

يوضح الشكل (١ ، ٢) ان التركيز الأمثل لـ Guanine هو ١ر٠ × ١٠$^{-٣}$ من الوزن الجزيئي الغرامي لـ Guanine في مصل الأصحاء والمصابين بالتهاب الكبد الفيروسي . أما بالنسبة لـ 8-azaguanine فتوضح الأشكال (٥ ، ٦) ان تركيزه الأمثل ٥ر٣ × ١٠$^{-٣}$ من الوزن الجزيئي الغرامي .

وبلغ التركيز الأمثل لـ Adenosine لـ ADA في أمصال المصابين بالتهاب الكبد الفيروسي والأصحاء ٢٠ × ١٠$^{-٣}$ من الوزن الجزيئي الغرامي لـ Adenosine كما في الأشكال (٩ و ١٠) .

وتتشابه النتائج التي حصلنا عليها مع تلك التي ثبتها كاروى ، كويست وآخرين ، ونايسين عند عملهم لتثبيت أفضل طريقة للدراسات

السريرية لقياس فعالية .G في المصل ، عندما تكون مادة الأساس Guanine [71] . أما بالنسبة لـ 8-azaguanine فاختلفت نتائجنا قليلا عما حصل عليه كراهام وَولد بيرك [101] حيث كانت ٣٥ ر٣ × ١٠ ^-٣^ من الوزن الجزيئي الغرامي لـ 8-azaguanine في المصل ، وقد يكون هذا التركيز خاص بالتجربة وبالتفاعل ولم يقصد به التركيز الأمثل للمادة الأساس التي تعطى أعلى سرعة للتفاعل المحفز بـ .G المصلي . وقد انطبقت نتائج التراكيز المثلى لـ Adenosine مع تلك التي حصل عليها كويست وكالنتسي [152,115] في درجة أس هيدروجيني ٢ ر٦ – ٨ ر٦ لمنظم الفوسفات ودرجة حرارة ٣٧ ْم .

ان الغرض من قياس التراكيز المثلى للمواد الأساس ، استخدامها عند قياس نشاط .G و ADA في مصل الدم ، استنادا الى التوصيات العالمية بهذا الخصوص والتي توجب استعمال التراكيز المثلى لمواد الأساس عند قياس نشاط الانزيمات المختلفة في مصل الدم وذلك للحصول على سرعة قصوى للتفاعل [160] .

٢ – قياس الثابت (Km) لمواد الأساس لـ .G و ADA في مصل الأصحاء والمصابين بالتهاب الكبد الفيروسي الحاد :

تم قياس الثابت (Km) بطريقتين هما :

أ) طريقة لينويفر – بورك [161] – التي تربط مقلوب السرعة مع

مقلوب تركيز مادة الأساس .

$$\frac{1}{V} = \frac{Km}{V} \cdot \frac{1}{S} + \frac{1}{V_{max}}$$

٢) طريقة ايزنثال ـ كورنش بوديـن الخطية المباشرة في الرسم والتي تربط السرعة مع تركيز مادة الأساس .(162)

ويوضح الجدول (٣) قيمة Km لـ Guanine في مصل الأصحاء والتي بلغت ٠٫٠٠٦ × ١٠ $^{-3}$ ± ٠٫٠٠٠٣٥ من الوزن الجزيئي الغرامي لـ Guanine ـ ويوضح نفس الجدول مدى الاختلاف الذى حدث في قيمة Km في أمصال المصابين بالتهاب الكبد الفيروسي حيث بلغت ٠٫٠١٨٠ × ١٠ $^{-3}$ (± ٠٫٠٠١٠) من الوزن الجزيئي الغرامي لـ Guanine .

وفي الجدول (٣) قيم Km لمادة 8-azaguanine والمستخرجة بالطريقتين المذكورتين أعلاه وكما مع الأشكال (٩ ، ١٠) وبلغت ٠٫١٧٥ × ١٠ $^{-3}$ من الوزن الجزيئي الغرامي لـ 8-azaguanine حسب الطريقة الخطية المباشرة في مضل الأصحاء و ٠٫٢٦٧ × ١٠ $^{-3}$ في مصل المصابين بالتهاب الكبد الفيروسي .

ويوضح الجدول (٤) قيم Km لـ Adenosine في أمصال الأصحاء والمصابين بالتهاب الكبد الفيروسي ، وقد تقاربت القيمتان في كلا الحالتين ، فبلغت في المصل الطبيعي ١٫٤٥ ± ٠٫٠٩٤ وفي المصل المرضي ١٫٦٣ ± ٠٫١١٤ من $\frac{١}{١٠٠٠}$ من الوزن الجزيئي الغرامي لـ

وعند مقارنة النتائج الخاصة بقيم Km مع تلك التي ذكرت في الأدبيات عن .G و ADA فلا توجد أي اشارة فيما يخص مادة Guanine لـ .G المصلي ، أما مادة 8-azaguanine لـ .G المصلي فان ثابت Km مطابق لما حصل عليه كراهام (101) أثناء عمله على مصل الأصحاء وعند قياسه بايجاد أفضل طريقة لونية لقياس نشاط .G في المصل . ولاتوجد أي اشارة أخرى عن قيم Km لـ .G و ADA في مصل الأصحاء والمصابين بالتهاب الكبد الفيروسي . الا أن البحوث تركزت على استخراج قيم الثابت Km لهذين الانزيمين من المصادر الأخرى كالأنسجة الحيوانية ونستعرض منها قيم Km لـ .G المستخرج من كبد الأرنب ١٫٠٥ × $١٠^{-٥}$ من الوزن الجزيئي الغرامي لـ Guanine و ١٫٠٢ × $١٠^{-٤}$ من الوزن الجزيئي الغرامي لـ 8-azaguanine وكذلك قيم Km لمتناظرات .G المفصولة من كبد الفأر فكانت لها القيم التالية ٥ × $١٠^{-٦}$ و ٢ × $١٠^{-٥}$ من الوزن الجزيئي الغرامي لـ Guanine و ٩ × $١٠^{-٦}$ و ٨٫٣ × $١٠^{-٦}$ من الوزن الجزيئي الغرامي لـ 8-azaguanine لكل من المتناظرين أ و ب على التوالي (163).

أما قيم Km لنفس المتناظرات المفصولة من دماغ الفأر ، فهي ١٫٥ — ٢ × $١٠^{-٥}$ و ١٫٧ — ٣٫٣ × $١٠^{-٥}$ من الوزن الجزيئي الغرامي لـ Guanine (88).

وبلغ Km لـ ADA المستخرج من أمعاء العجل ٣٫٣٥ × $١٠^{-٥}$ من الوزن الجزيئي الغرامي لـ Adenosine في درجة أس هيدروجيني ٧٫٤

ودرجة حرارة (٢٠ م°) .(143)

ان السبب في اختلاف قيم الثابت Km لـ .G و ADA في المصادر المختلفة يرجع الى عدة عوامل محتملة منها تعدد متناظرات الانزيم الواحد في مصادره المختلفة ، تغير نسب هذه المتناظرات تبعا لحالة المصدر ، وجود بعض الكوابت - يؤدي الى رفع قيمة Km ، أو ظهور متناظرات جديدة ذات قيمة Km مرتفعة كما يحصل في أمصال بعض الأمراض الخبيثة وبعض أمراض الكبد المزمنة .(164-166)

٣ - تأثير درجة الاس الهيدروجيني على نشاط .G و ADA في أمصال الأصحاء والمصابين بالتهاب الكبد الفيروسي .

يزداد نشاط .G بارتفاع درجة الاس الهيدروجيني حتى درجة ٨ في منظم الـ Tris عند استعمال الـ Guanine ، ثم يبدأ نشاط .G بالانخفاض في كلا المصلين الطبيعي والمرضي ، وكما في الشكل (١٣) وبهذا فان درجة الاس الهيدروجيني المثلى هي ٨ .

بينما وجد أن درجة الاس الهيدروجيني المثلى لـ .G عندما يكون التفاعل في منظم الفوسفات وباستعمال الـ 8-azaguanine ٦٫٣ وهي أقل بكثير من الأولى ، وكما موضح في الشكل (١٤) لكلا المصلين الطبيعي والمرضي .

وبلغت درجة الاس الهيدروجيني المثلى لـ ADA في مصل المصابين

بالتهاب الكبد الفيروسي والاشخاص الطبيعيين هي ٦٫٥ كما في الشكل (١٧) ٠

ويوضح الشكل (١٥ و ١٦) قيم ثابت التفكك للاحماض الامينية الموجودة في المراكز النشطة لـ G. وبلغت ٦٫٧ في مصل الاصحاء و ٧ في مصل المصابين بالتهاب الكبد الفيروسي ٠ بينما لم تتغير قيمة ثابت التفكك للاحماض الامينية الموجودة في المركز النشط لـ ADA في المصلين الطبيعي والمرضي وهي ٦٫٨ كما توضحه الاشكال (١٨ و ١٩) ومن خلال القيم التي حصلنا عليها لثابت تفكك الاحماض الامينية من الاشكال (١٥ ، ١٦ ، ١٨ و ١٩) يتضح أنها تعود الى مجموعة Imidazole (158) والتي تعني وجود الحمض الاميني Histidine في المراكز النشطة لـ G. و ADA حيث ان له ثابت تفكك يتراوح من ٦٫٥ ــ ٧ ، والذي يمكن فيه الحصول على الشكل الايوني الامثل للاحماض الامينية الموجودة في المركز النشط للارتباط مع الشكل الايوني للمادة الاساس ٠ ويمكن توضيح ذلك نظريا بالمعادلة التالية :

$$E^- + S^+ \rightleftharpoons E^-S^+ \longrightarrow E^- + P^+$$

$$E^- \xrightarrow{H^+} EH^+ \longrightarrow S^+$$

تبين المعادلة ان أعلى سرعة يمكن الحصول عليها من الانزيم ، تكون بدرجة الاس الهيدروجيني التي تعطينا الشكل الايوني EH^+ للمركز النشط ٠

ويمكن تفسير الهبوط في نشاط .G و ADA في درجات الأس الهيدروجيني التي هي أعلى أو أقل من درجة الأس الهيدروجيني المثلى لهما والموضحة في الأشكال (١٤ و ١٧) ان الانخفاض الحاصل في نشاط .G و ADA في درجات الأس الهيدروجيني التي هي أقل من ٣ر٦ و ٥ر٦ على التوالي تدلل على وجود زيادة من أيونات الهيدروجين الموجبة الشحنة H^+ في المحلول المحيط مما تعمل على منافسة EH^+ الشكل الآيوني الأمثل للمراكز النشطة للأنزيم عند الاتحاد مع المادة الأساس S^+ نلاحظ انخفاض في نشاط E نتيجة الكبت التنافسي الذى قام به H^+ ويمكن اشتقاق المعادلة التالية عن أصل معادلة الكبت التنافسي (158).

$$\frac{v}{V_{max.}} = \frac{(S^+)}{Km\ (1 + \frac{(H^+)}{Ki}) + (S^+)}$$

$$\frac{1}{v} = \frac{Km}{V_{max.}}\ (1 + \frac{(H^+)}{Ki})\ \frac{1}{S} + \frac{1}{V_{max.}}$$

أما في درجات الأس الهيدروجيني التي هي أعلى من ٣ر٦ و ٥ر٦ فان الهبوط الذى يحصل في هذه الحالة في نشاط .G و ADA فيعود الى ان المراكز النشطة فيها أصبحت غير فعالة بسبب وجود وفرة من آيونات الهيدروكسيل السالبة الشحنة (OH^-) والتي تعمل على منافسة EH^+ عند تفاعله مع (S^+) ومولدة كبتا تنافسيا يمكن توضيحه بالمعادلة التالية :

$$\frac{v}{V_{max.}} = \frac{(S^+)}{Km(1 + \frac{(OH^-)}{Ki}) + (S^+)}$$

$$\frac{1}{v} = \frac{Km}{V_{max.}}\ (1 + \frac{(OH^-)}{Ki})\ \frac{1}{S} + \frac{1}{V_{max.}}$$

٤- تأثير درجة الحرارة على نشاط .G و ADA في مصل الاصحاء والمصابين بالتهاب الكبد الفيروسي :

تمت دراسة تأثير درجات حرارة التفاعل المختلفة والتي تتراوح من ١٠ - ٨٠ ْم على نشاط .G و ADA في مصل الاصحاء والمصابين بالتهاب الكبد الفيروسي ، ويبين الشكل (٢٠) ان درجة حرارة التفاعل المثلى لـ .G كانت ٥٥ ْم في مصل المصابين بالتهاب الكبد الفيروسي ويفقد فعاليته كليا في درجة ٧٠ ْم وذلك نتيجة لحصول عملية اتلاف الجوهر الطبيعي لجزيئة البروتين مع فقد ان الفعالية التحفيزية (167) ، وبلغت درجة حرارة التفاعل المثلى لـ ADA في مصل الاصحاء ٦٥ كما في الشكل (٢٢) بينما بلغت ٥٥ ْم في مصل المصابين بالتهاب الكبد الفيروسي في نفس الشكل ، ويفقد ADA فعاليته كليا في درجة ٨٠ ْم في كلا المصلين الطبيعي والمرضي .

ولاتوجد في الادبيات حول تأثير درجة الحرارة على نشاط .G و ADA الا اشارة واحدة سجلت من قبل كاركير عام ١٩٦٤ : ان درجة حرارة التفاعل المثلى لـ ADA في مصل الاصحاء كانت ٦٤ ْم (139) .

يوضح الشكل (٢١ ، ٢٣) العلاقة بين لوغاريتم السرعة القصوى لـ .G و ADA في مصل الدم ومعكوس درجة الحرارة المطلقة والتي تعطي خطا مستقيما حيث تتبع معادلة أرينوس التالية :

$$\text{Lnk} = \frac{-E}{RT} + \text{Constant}$$

وبهذا فان G. يخضع لمعادلة أرينوس حتى درجة ٥٠ْم في مصل المصابين بالتهاب الكبد الفيروسي ، ويمكن حساب الطاقة المنشطة للتفاعل وذلك بتعيين ميل الخط البياني للأشكال (٢١ و ٢٣) المتمثل بالمعادلة التالية (168) :

$$\log K = \frac{-Ea}{2.3\ R} \cdot \frac{1}{T} + \log A$$

وبهذا فان ميل الخط البياني يكون $\frac{-Ea}{2.3\ R}$

ويوضح الجدول (٥) قيم الطاقة المنشطة للتفاعل بالسعرات الحرارية لـ G. و ADA في مصل الأصحاء والمصابين بالتهاب الكبد الفيروسي . ومن خلال حسابها من الرسم . ان مقدار تأثير درجة الحرارة يحدد بواسطة معامل درجة الحرارة الذي يعرف بأنه النسبة بين سرعة التفاعل في درجة حرارة $t^{o} + 10$ وسرعة في درجة t^{o} ويرمز له بـ Q_{10} :

$$Q_{10} = \frac{K_{t+10}}{K_{t}}$$

K_{t+10} و K_{t} هما ثابتا سرعة التفاعل في درجتي الحرارة $t^{o}+10$ و t على التوالي ، وبذلك فان Q_{10} هو المعامل الذي تزداد به سرعة التفاعل بزيادة درجة الحرارة ١٠ مْ . ويمكن تعيين Q_{10} من الشكل (٢١ و ٢٣) ومن خلال المعادلة التالية :

$$Ea = \frac{2.3\ R\ T_{2}T_{1}\ \log Q_{10}}{10}$$

وكما يبين الجدول (٥) فان قيم معامل درجة الحرارة Q_{10} لتفاعلات ADA و G. تقع بين ١ ــ ٢ وبهذا فان النتائج تطابق الحقيقة القائلة (169) بأن قيم معامل درجة الحرارة للتفاعلات الانزيمية تقع بين ١ ــ ٢ .

جـ ــ فصل متناظرات G. و ADA من مصل الاصحاء والمصابين بالتهاب الكبد الفيروسي :

يوضح الشكل (٢٤) فصل متناظرات G. و ADA من مصل دم الاصحاء ، ويظهر المتناظر I لـ G. على شكل قمة تنزل خلال عملية الروغان بمحلول الفوسفات المنظم بينما حصلنا على قمتين من ADA ، أي هنالك المتناظر I و III لـ ADA في مصل الاصحاء . ان المتناظر الذي ينزل في البداية يكون ذو وزن جزيئي أعلى نسبيا من الوزن الجزيئي للمتناظر الذي يليه في النزول أثناء عملية الروغان . ان طرق فصل المتناظرات تعطي نتائج مختلفة ، اعتمادا على الخطوات المستخدمة في عملية الفصل وبذلك فان المقارنة بين الطرق المختلفة تكون صعبة ، فنجد ان لـ ADA في مصل الاصحاء ثلاثة متناظرات حسبما فصلها نيشيارا وآخرين (93) عام ١٩٧٠ بطريقة الهجرة الكهربائية وتم الحصول على ثلاثة متناظرات لـ ADA في مصل المصابين بالتهاب الكبد الفيروسي ، كما في الشكل (٢٥) هي I ، II ، III ولم يكن المتناظر II موجودا عند الاصحاء . وفي نفس الشكل يمكن ملاحظة فصل متناظران الـ G. وهي I و II وكذلك المتناظر II لم يكن موجودا عند الاصحاء ووجد في الوقت الذي يحتوي فيه المصل على المتناظر II لـ ADA .

(101)

ثم استعمال الطريقة اللونية لكراهام وكولد بيرك في قياس نشـــاط
متناظرات .G ، حيث لم تتطرق الادبيات الى استخدام هذه الطريقـــة في
دراسة نشاط المتناظرات ، وكانت طريقة الفصل حساسة جدا بحيـــث
استطاعت تشخيص الانزيم الذى يتراوح نشاطه ٢ر٠ وحدة عالمية/ لتـــر
وذلك باستخدام الطريقة اللونية الانفة الذكر ٠ وطريقة الفصل سهلة
ولاتستغرق وقتا طويلا حيث تتم عملية الفصل باكملها خلال ساعة ونصـف
وبد رجة حرارة الغرفة وهذا مايسهل استخدامها في المجالات الطبيـــة
حيث ان المتناظر II لكلا الانزيمين يمكن ان يعتبر علامة تشخيصــه
لحدوث امراض الكبد عند وجوده فى المصل ٠

ان عملية فصل المتناظرات من المصل جاءت نتيجة للاختلافات التي
حصلنا في قيم الثابت Km (جدول ٣ و ٤) وثابت التفكك للاحماض الامينية
في الحالات المرضية عنها في الاصحاء ٠ ومن المعروف ان الكثير من الانزيمات
تتكون من متناظرات عدة ، تنتج في الاعضاء المختلفة المكونه لنفس الانزيم
وأصبحت الدراسات الانزيمية تشمل متناظرات الانزيم وتعيين نوع المـرض
(170)
الذى يتصاحب به العضو الذى يكون ذلك المتناظر ٠ حيث لمتناظـــرات
الانزيم وفصلها أهمية تشخيصية كبيرة في مجال الطب ، وتأتي هذه الاهمية
من كون التغيرات الحاصلة في نمط توزيع المتناظرات ، تعتبر صفه مميزة
(171)
لذلك المرض وللمرحلة التي وصل اليها ،

أما الدراسات المتعلقة بمتناظرات الانزيم في مصل الدم ، فتنتشر فـي

الحقيقة الى نجاح علم الانزيمات المرضية التشخيصي ، حيث يعتبر هذه الدراسات اكثر دقة من تلك المتعلقة بنشاط الانزيمات ودراساتها الحركية . (172) وقد تم فصل متناظرات G. و ADA من مصل الدم البشري الطبيعي والمرضي نظرا لاهمية هذه الانزيمات التشخيصية والتطبيقية وللوقوف على مدى الفائدة من متناظرات هذين الانزيمين في المصل . ان طريقة فصل هذه المتناظرات بكروتوغرافيا الترشيح بالجل G200 من مصل الدم البشري كانت لاول مرة ، ولم تشر الادبيات الى امكانية فصل متناظرات G. و ADA من المصل بهذه الطريقة ، وتم تطوير طريقة الفصل عن أصل طريقة الكيد وآخرين في عام ١٩٧٢ حيث تمكنوا بواسطة G200 من فصل متناظرات ADA من أنسجة الكبد والرئتين والمعدة والكريات البيض البشرية (98) ، وتم تحوير كبير في خطوات الطريقة وقياسات العمود المستعمل في الفصل ، اضافة الى تغيير تركيز بعض المواد المستعملة . وقد درست الأجزاء الناضحة من عملية الفصل والحاوية على فعالية لمتناظرات G. و ADA بجهاز الهجرة الكهربائية لغرض تحديد سرعة المتناظرات على ورقة الفصل ومقارنتها مع الأجزاء البروتينية في المصل . وكما موضح في الاشكال (٢٤أ ، ٢٤ب ، ٢٥أ ، ٢٥ب و ٢٥ج) .

د ـ متابعة التغير في نشاط G. و ADA وثوابتهما الحركية في المصل أثناء فترة معالجة المصابين بالتهاب الكبد الفيروسي :

استهدفت الدراسة متابعة كافة النتائج التي حصل عليها سابقا عن G. و ADA في مصل المصابين بالتهاب الكبد الفيروسي الحاد وتأثير فترة المعالجة عليها للوقوف على ماهية التغير الحاصل في G. و ADA وسببه وكيفية رجوع G. و ADA الى وضعهما الطبيعي في المصل قبل الاصابة .

يبين الشكل (٢٦) متابعة نشاط G. و ADA أثناء المعالجة بحبات البرونزولون ومقارنتها بالشكل (٢٧) الذى يبين نشاط G. و ADA عند اقتصار المعالجة على الالتزام بالبرنامج الغذائي (ملحق ٢) والراحه . ان متابعة نشاط هذين الانزيمين أثناء المعالجة أعطت نتائج جيدة ، تتلائم والتحسن الذى يطرأ على صحة المريض ، فهي تعكس بتناقصها التدريجي في المصل الحالة السريرية للمريض ،وما يحصل من تحسن تدريجي ، وجاءت هذه النتائج منسجمة ومتلائمة مع ماعكسته الفحوصات الكيمياوية الاخرى بشكل أدق ، وكما موضح في الشكل (٢٨) حيث ان فعالية G. و ADA كانت موازية تقريبا للهبوط التدريجي الحاصل في مستوى البليروبين AP و GPT في المصل . ويلاحظ أثر طريقة العلاج على قيم نشاط و في المصل في الشكلين (٢٦ و ٢٧) ويكون هبوط نشاط الانزيمين في حالة المعالجة بالبرنزولون وفي الأيام الأولى من المعالجة أسرع نسبيا بمقدار ٥ر١٠٪ و ٣ر٢٤٪ لكلا الانزيمين

على التوالي ، مما يحدث في المرضى الذين أقتصرت معالجتهم على تطبيق البرنامج الغذائي المذكور في (ملحق ٢) ، اضافة الى ان نشاط G. و ADA عند انتهاء المتابعة تصل أقل نسبيا مما في مرضى المجموعة الأولى . وقد يكون الاختلاف هذا الى ان علاج البردنزولون يساعد على التئام آفة الكبد أسرع نسبيا أو ان اختلافات طبيعية بين المرضى تؤدي الى حدوث هذا الفروق ، علما أن علاج البردنزولون لم يقصر في مدة بقاء المريض والاسراع في شفاءه بشكل مباشر . من خلال النتائج التي حصل عليها من متابعة تغير بعض الفحوص الكيمياوية الى جانب نشاط G. و ADA . ان الانخفاض التدريجي في نشاط هذين الانزيمين يؤكد أهمية اعتمادهما ضمن فحوصات وظائف الكبد ، لانها عكست صورة دقيقة عن الاضطرابات الكبدية وعند مقارنتها مع بقية الفحوص الكيمياوية ملحق (١) اضافة الى مايميز هذين الانزيمين عن الانزيمات الموجودة ضمن الفحوص الكيمياوية الروتينية (الانزيمات الناقلة لمجموعة الامين) بتخصصها بالأمراض الكبدية ، وامكانية متابعة تقدم التهاب الكبد الفيروسي من خلال مايعكسه نشاط هذين الانزيمين .

هـ - متابعة التغير في قيمة Km أثناء المعالجة ل G. و ADA :

توضح الأشكال (٣٠ ، ٣١ و ٣٢) مقدار التغير في قيمة ثابت ميكيلس ومنتن ل G. و ADA أثناء فترة المعالجة ونوعها للمصابين بالتهاب الكبد الفيروسي الحاد ، وقد يعود التغير في قيم هذا الثابت

الى اختلاف نسب متناظرات هذين الانزيمين في المصل وتأثرهما بالمعالجة • ان مركب البرنزولون لم يتضح له تأثير ملحوظ على قيمة هذا الثابت لكلا الانزيمين ، ويعتقد ان لمركب البردنزولون أثر في المساهمة في اصلاح الضرر اللاحق في الخلية الكبدية وأغشيتها •

و — تأثير درجة الاس الهيدروجيني على السرعة القصوى لـ .G و ADA وثابت Km أثناء معالجة المرضى المصابين بالتهاب الكبد الفيروسي :

يوضح الشكل (٣٣ ، ٣٤ و ٣٥) أثر درجات الاس الهيدروجيني المختلفة على سرعة .G و ADA أثناء المعالجة بالبردنزولون ، ويبين التغير الذى حصل في درجة الاس الهيدروجيني المثلى لـ .G أثناء المعالجة من ٨ الى ٦ر٧ مدى التغير الذى طرأ على .G في المصل أتجاه مادته الأساس Guanine في منظم الـ Tris أثناء المعالجة • ويوضح الشكل (٣٤) عدم تغير درجة الاس الهيدروجيني المثلى التي يتفاعل بها .G مع 8-azaguanine في منظم الفوسفات أثناء المعالجة • أما بالنسبة لـ ADA فان درجة الاس الهيدروجيني المثلى له في منظم الفوسفات بلغت ٨ر٦ كما في الشكل (٣٥) وهي قريبة لما كانت عليه قبل المعالجة ٥ر٦ وهذا يعود الى التقارب بين درجات الاس الهيدروجيني المثلى لمتناظرات ADA الثلاثة ضمن نسبها في مصل المصابين بالتهاب الكبد الفيروسي الحاد • ويوضح الشكل (٣٦) أثر درجات الاس الهيدروجيني المختلفة على ثابت Km لـ .G و ADA

أثناء المعالجة من خلال قيم ثابت تفكك الأحماض الأمينية المذكورة في الجدول أعلاه ، ويبين التغير في قيمة ثابت تفكك الأحماض الأمينية لـ G. أن متناظرات هذا الأنزيم تحوى نفس الحمض الأميني في مراكزها النشطة ، عند الاتحاد بشكلها الأيوني EH^+ مع 8-azaguanine في منظم الفوسفات ، حيث ان التغير في قيمة ثابت تفكك الأحماض الأمينية لم يتجاوز ٦ر٥ ـ ٧ في كمل مراحل المعالجة وهذه القيم المحددة لتواجد مجموعة Imidazole التي تمنى وجود الحمض الأميني Histidine في المراكز النشطة لمتناظرات G. و ADA ، أثناء المعالجة ، وكما يوضحه الشكل (٣٦) .

ز ـ أثر درجات حرارة التفاعل المختلفة على نشاط G. و ADA في مصل المصابين بالتهاب الكبد الفيروسي الحاد أثناء معالجتهم :

يوضح الشكلين (٣٧ و ٣٨) أثر درجات الحرارة المختلفة في حضن تفاعل G. و ADA في المصل أثناء المعالجة ، وتبين أن درجة حرارة التفاعل المثلى لـ G. في كافة مراحل العلاج هي ٥٥ْم ويتغير تأثير درجات الحرارة الواطئة في الحضن على نشاط G. أثناء المعالجة ، وذلك للتغير الحاصل في نسب المتناظرات في كل فترة من فترات العلاج . وكذلك يوضح الشكل (٣٨) التغير الحاصل في نشاط ADA في المصل أثناء المعالجة ويتفاوت تحسس الانزيم بالحرارة في كل فترة من المعالجة حسب طبيعة متناظراته في تلك المرحلة .

ك ـ متابعة نشاط متناظرات .G و ADA في المصل خلال فترة المعالجة : تم فصل متناظرات كل من .G و ADA من مصل المصابين بالتهاب الكبد الفيروسي الحاد خلال فترة المعالجة ، عدة مرات وتم قياس نشاط المتناظران I و II لـ .G خلال مراحل المعالجة كما موضح في الشكل (٣٩) والذى يبين انخفاض مستوى نشاط المتناظر (I) ذو الوزن الجزيئي الكبير نسبيا وبالتدريج يرافقه في المراحل الاولى من المعالجة انخفاض مستوى نشاط المتناظر II ويبقى مرتفعا الى نهاية المتابعة .

أما متناظرات ADA الثلاثة (I ، II ، III) فتشهد نزولا تدريجيا في نشاطها ، مع اختفاء نشاط المتناظر II كليا من المصل في المرحلة الاخيرة في المتابعة (كما موضح في الشكل (٤٠) مع احتفاظ المتناظر III بمستوى نشاطه قبل المعالجة ولغاية انتهاء المتابعة .

ان المتناظر II لـ .G يعتبر مقياسا حساسا لحدوث اضطرابات في الخلية الكبدية فكان لنشاطه في بداية المرض علامة واضحة لحدوث خلل في أغشية أو جسم الخلية الكبدية والتي نعتقد أنها المصدر الرئيسي له . اضافة الى الارتفاع الحاصل في نشاط المتناظر I (ذو الوزن الجزيئي الكبير) . ويوضح الشكل (٤٠) نشاط المتناظرات (I ، II و III) لـ ADA في مصل المصابين بالتهاب الكبد الفيروسي الحاد أثناء فترة المعالجة والتي يمكن استخلاص أهمية المتناظر II منها في تشخيص اضطرابات الكبد حيث أن

هـذا المتناظـر غيـر موجـود نهائيـا فـي مصـل الأحشـاء وهو ذو وزن جزيئي متوسـط قياسـا بالمتناظريـن I و III لنفس الانزيـم ويمكـن أن يكـون انتاجـه خـاص بالكبـد وينتشـر الى المصل في حالـة تعرض الخليـة الكبديـة الـى مـرض •

Summary

الخـــلاصـــة

اولا: نشاط الانزيمين .G و ADA في مصل الاصحاء والمرضى المصابين بالتهـــاب الكبد الفيروسي الحـــاد .

١ـ وجد ارتفاع كبير في نشاط .G و ADA في مصل المرضى يختلف عن نشاطهـا في مصل الاصحاء بمقدار (٥ ـ ٢٠) مره و (٢ـ ٥) مرة على التوالي . وقد كان هذا الارتفاع دليل حدوث اضطرابات في الكبـد .

٢ـ وجد اختلاف في النسبه بين نشاط .G / نشاط ADA في مصل المرضى عن النسبه في مصل الاصحاء بمقدار (٨ ر٣٧ ـ ٢ر٧٣٪) .

ثانيا ـ حركة الانزيمين .G و ADA في أمصال الاصحاء والمرضى المصابين بالتهـــاب الكبد الفيروسي الحاد في درجـة ٣٧م ° .

١ـ وجد ان التراكيز المثلى للمواد الاساس للانزيمين .G و ADA متساويـه في كلا المصلين الطبيعي والمرضـي .

٢ـ تخضع العلاقه بين تركيز الماده الاساس وسرعة التفاعل للانزيمين .G و ADA الى معادلة ميكيلـس منتن .

٣ـ ارتفعت قيمة الثابت Km لـ Guanine و 8-azaguanine للانزيم .G في مصل المرضى عنها في الاصحاء ، بينما لم تتغير قيم الثابـــت Km لـ Adenosine للانزيم ADA في كلا المصلين المرضي والطبيعي .

٤ـ لم تتغير درجة الاس الهيدروجيني المثلى للتفاعلات المحفزه بـ .G و ADA في الحالتين المرضيـه والطبيعيـه .

٥ـ بلغت درجة حرارة التفاعل المحفز بـ .G المثلى ٥٥م ° في مصل المرضـى المصابين بالتهاب الكبد الفيروسي الحاد ويفقد فعالية كليا في ٧٠م ° .

٦ـ بلغت درجة حرارة التفاعل المحفز بـ ADA المثلى ٥٥م ° في مصـــل المرضى بينما بلغت ٦٥م ° في مصل الاصحـــاء .

٧ـ يخضع الانزيمان .G ـ ADA لمعادلة أرنيوس حتى درجة ٥٥م ° .

ثالثاـ متابعة نشاط وحركة الانزيمين و ADA في مصل المرضى المصابين بالتهـــاب الكبد الفيروسي الحاد اثناء فترة المعالجه بالبريدنزولون .

١ـ يعطي نشاط .G و ADA مقياسا دقيقا في تتبع حالة الكبد اثناء المرض من خلال دراسة نشاطهما اثناء فترة المعالجة . ومقارنته بنشاط AP و GPT ونسبة البليروبيـــن بالدم .

٢ـ لم يقصر استعمال علاج البرينزولون في مدة المرض والشفاء عند المقارنـه بمجموعة من المرضى لم يستعمل البردنزولون في علاجهم • من خـــلال متابعة الحاله السريريه ونشاط هذين الانزيميـن •

٣ـ تغيرت النسبة بين نشاط G./ نشاط ADA أثناء المعالجه تحـت تأثير البردنزولون والمقارنة بدونـه •

٤ـ تغيرت قيمة الثابت Km للانزيمين G. و ADA اثناء فتـــرة المعالجـه •

رابعا ـ فصـل متناظرات الانزيمين G.و ADA من مصل الاصحاء والمرضى المصابيـن بالتهاب الكبد الفيروسي الحـاد •

١ـ تم فصل المتناظر I لـ G. والمتناظران I و III لـ ADA مـن مصل دم الاشخاص الطبيعيـن •

٢ـ تم فصل المتناظران I و II لـ G. والمتنـاظرات I ، II وIII لـ ADA من مصل المرضى المصابين بالتهـاب الكبد الفيروسي الحاد •

٣ـ تغيرت فعالية هذه المتناظرات أثناء فترة المعلاجـه ، بشكل واضـح وكبيـــر •

References

R E F E R E N C E S

1. Harvey, A. M., Johns R. J. Owens, A. H.,Ross, R. S.,
   (1976). In the Principle & Practice of Medicine
   19th. ed., P. 896, Appletan Century Croft,
   New York.

2. Harisson, T. R., Wintrope, M . M., Thorn, G. W. Adems,
   R. D., Braunwald, E., Isselbacher, K. J. Petersdorf,
   R. G. (1974) in principles of Internal Medicine,
   7th. ed. P. 1528, McGraw-Hill Kogakusha, Ltd.

3. Beeson, P. B., McDermott, W. (1971) In Text Book of
   Medicine, 13th ed., P. 1389, Saunder company,
   Philadelphia- London, Toronto.

4. Krugman, S., Giles, J. P. and Hammond, J. (1967) J.A.M.A.
   200, 365.

5. Prince, A. M., Hargrove, R. I.,Szmuness, W., Cherubin,
   C. E., Fontanna, V. J., and Jeffries, G. H. (1970)
   New Engl. J. Med. 282, 987.

6. Blumberg, B. S., Sutnick, A. I., and London, W. T.
   (1970) Amer. J. Med. 48, 1.

7. Shulman, N. R. (1970) Amer. J. Med. 49, 669.

8. Mazzur, S., Burgart, S., and Blumberg, B.S.(1974).

Nature 247, 38

9. Barker, L.F., Peterson, M.R., Shulman, N.R. and Murray

(1973) J.A.M.A. 223 1005

10. Ministry of Health, Republic of Iraq (1976)

Statistical Compass for 1971 - 1975.

11. Ministry of Health, Republic of Iraq (1967)

Annual Bulletin of vital & Health Statistic

for 1963 - 1966.

12. Alpert, E., Isselbacher, K.J., and Sohur, P.H.(1971).

New. Eng. J. Med. 285, 185.

13. Davidson, S.S. (1969) in the principle and practice

of Medicine, 19th ed., P.1007, E. & S. Living

stone LTD., Edingburgh & London.

14. Chalmers, T.C., Eckhardf, R.D., Regnolds, W.E., Ligarroa,

J.H., Deane, N., Reifenstein, R.W., Smith, C.W.

and Davidson (1955). J.clin. Invest. 34,1163

15. Blum, A.L., Stutz; R., Haemmerti, U.P., Schmid, P. and

Grady, G.F.,(1969). Amer. J.Med. 47, 82.

16. Blum, A.L., Stutz, R., Hammeli, U.P.; Schmid, P., and
    Grady, G.F. (1969) Amer. J. Med. 47, 93.

17. Wilkinson, J.H. (1976) in the principles and practice
    of diagnostic enzymology, P.165, Arnold, London.

18. Mason, J.H., and Wroblewski (1957) Arch. Intern. Med.
    99, 245

19. Schneider, A.T., and Mosly, J.W., (1959) Pediatrics
    24, 367

20. Clermont, R.J., and Chalmers, T.C., (1967) Medicine
    46, 197

21. Agress, C.M.. (1959) Amer. J.Cardriol. 3, 74

22. Wroblewski, F., (1959) Amer. J.Med. 27, 911

23. Schon, H., and Wust, H. (1961) Wochenschr.86, 281 (Ger.)

24. Rosalki, S.B., (1960) proc.Roy.Soc. Med. 53, 199

25. Schmidt, E., Schmidt, W., and otto, P., (1967) Clin.
    Chim. Acta 15, 283

26. Hess, B. (1963) J.Clin.Path. 20, 654

27. Wroblewski, F., Jervis, G., and LaDue, J.S.(1956) Ann.
    Intern. Med. 45, 782

28. Lindner, H. (1961) Deut.Med. J. 12, 23.

29. Baron, D.N., Levin, G.E., and Wilkinson J.H.(1971)
     Brit. Med. J. 3, 583.

30. Landahn, G., Hartmann, E., Rosenfield, E.M., Weyer, H.,
     and Muth, H.W.(1970) Klin. Wschr. 48, 838

31. Wilkinson, J.H., Baron, D.N., Moss, D.W., and Walker,
     P.G.,(1972) J.Clin.Path. 25, 940

32. Chinsky, M., and Sherry, S. (1957) Arch. Intern. Med.
     99, 556

33. Reisler, D.M., Strong, W.B., and Mosley J.W. (1967)
     J.Amer Med.Asso. 202, 37

34. Davies, P.J., and Wilkinson, J.H. (1958) Lancet, i,1249.

35. Sherlock, S.(1968) in Diseases of the liver 4th ed.,
     Blackwell scienitific publiation, Exford.

36. Cooper, W.C., Gershon, R.K., Sun.S.G., and Fresh,
     J.W.(1966) New Eng. J.Med. 274, 585.

37. Levine, R.A., and Ranek, L. (1970) Gastroenterology
     58, 371.

38. Bank, N.V., Ruegsegger, P., Ley, A. B., and LaDue,
     J.S. (1959) J.Amer. Med.Asso. 171, 2303

39. Cherubin, C.E., Kane, S., Weinberger, D.R., Wolfe, E. and Mc Ginn. T. (1972) Ann. Intern.Med. 76, 385

40. De Ritis, F.L., Malluci, M., Coltorti, G., Guisti, G., and Caldera, M. (1959) Bull.Wld.Hlth.org. 20, 589

41. Ward, R., Krugman, S.Giles, J.P.Jacobs, A.M. and Bodansky, O.(1958) New Eng. J. Med. 258, 407

42. Bodansky, O., Krugman, S., Ward, R., Schwartz, M.K., Giles, J.P., and Jacobs A.M.(1959) Amer.J.Dis. Child 98, 166

43 Krugman, S., Ward, R., Ciles, J.P.Bodansky, O. and Jacobs A.M.(1959) New, Eng. J.Med. 261, 729

44. Goldberg, D.M., and Campbell, D.R.,(1962) Brit.Med. J. 2, 1435

45. Brandt, K.H., Menlendijk, P.N., Powie N.J., Scholm, L., Schule, M.J.Zanan H.C., and Streefkerk, J. (1965) Acta Med.Scand. 177, 321

46. Prince, A.M., and Geyshon, R.K.,(1965) Transfusion 5,120

47. Allen, J.D., Dawson, D., Sayman, W.A., Humphreys, E.M., Fenham, R.S. and Havens, I., (1959) Ann.Surg. 150, 455

48. Hoxworth, P.I., Haesler, W.E., and Smith, H.Jr.(1959)
    Surg.Gynec. obstet. 109, 38

49. Taswell, H.F., Shorter, R., Poncelet, T., and Maxwell,
    N.G.,(1970) T. Amer. Med. Assc. 214, 142

50. Wallace, J., Milne, G.R., and Barr, A., (1972) Brit.
    Med. J. 1, 663

51. Blumberg., B.S., Sutnick, A.I., and London, W.T.,(1968)
    Bull.N.Y.Acad.Med. 44, 1566

52. Gocke, D., Greenburg, H.B., and Kavey, N.B., (1970)
    J. Amer.Med. Assc. 212, 877

53. Russell, R., Goldberg, D.M., Allan, J.G., Mac Sween,
    R.N. and Wallace J.(1974) Dig.Dis. 19, 113

54. Knox, J.D. (1966) Brit. Med.J. 2, 1326

55. Hobbs, J.R. (1966) Brit.Med.J. 2, 1451

56. Sterkel, R.L., Spencer, J.A., Wolfson S.K., and Ashman
    H.G.(1958) J.Lab.Clin.Med. 52, 176

57. Okumura, M., and Spellberg, M.A. (1960) Gasteroenterology
    39, 305

58. Bell, J.L., Shaldon, S. and Baron, D.N. (1962) Clin.
    Sci. 23, 57

59. Szezeklik, E., Orlowski, M., and Szewezuk A. (1961)

    Gastroentenology 41, 353

60. Villa, L., Dioguardi, N., Agostoni, A., Ideo, G., and

    Stabilini, R.,(1966)Enzymol.Biol.Clin. 7, 109

61. Harkness, T., Ropper, B.W., Durrant., J.A., and Miller,

    H., (1960) Brit. Med. J. 1, 1787

62. Miller, A.L., and Worsley, L. (1960) Brit.Med.J. 2, 1419

63. Kowlessar, O.D., Haeffiner, L.J., and Sleisenger, M.H.

    (1960) J.Clin. Invest. 39, 671.

64. Mericas, G., Anagnostau, E., Hadziyannis St., and

    Kakari, S., (1964) J.Clin. Path. 17, 52

65. Rutenberg, A.M., Banks, B.M., and Pineda, E.P., (1964)

    Ann. Intern, Med. 61, 50

66. Baksakis, J.G., Kremers, B.J., Thiessen, M.M., and

    Shilling J.M.,(1968)Amer.J.Clin.Path., 50, 485

67. Hobbs, J.R.Campbell, D.M. and Scheuer, P.J.(1968) in

    Clinical Enzymology Vol. 2, P.106, Kurger,

    Basel and New York.

68. Phelan, M.B., Neale, G., and Moss, D.W., (1971)Clin.

    Chim. Acta 32, 95

69. Bell, G.H., Davidson, J.N., Smith, D.E. (1972) in Text
    Book of physiology and Biochemistry, 8th ed.P.352
    Churchill Living stone. Edinburgh and London.

70. White, A., Handler, P., Smith, E.L.(1973) in Principles
    of Biochemistry, 5th ed., P.714, Mc Graw-Hill
    Book Comp.

71. Bergmeyes, H.U., (1974) in Methods of Enzymatic Ana-
    lysis, Vol.II., 2nd ed., P.1086 Acadmic Press,
    New York and London.

72. Wakabayasi, Y. (1963) J.biol.Chem. 28, 185

73. Levine R., Hall, T.C. and Harris, C.A.(1963) Cancer
    16, 269

74. Knight; E.M., White house, T.L., Huc, A.C. & Santos,
    C.L.(1965) J.Lab.Clin.Med.65, 355

75. Stern, H., Allfrey, V., Mirsky, A.E. & Sactren, H.
    (1952) J.Gen.Physiol 35, 559.

76. Bowkiewicz, E. & Kawczynski, J.(1967) Clin.Chim.Acta
    16, 29

77. Hue, A.C. & Free, A.H.(1964) Clin. Chem. 10, 631

78. Hue, A.C. & Free, A.H. (1965) Clin.Chem. 11, 708

79. Giusti, G. & Galanti, B. (1965) Bull.Soc.Ital.Biol.
    Sper. 41, 1567

80. Conway, E.J. & Cook, R. (1939) Biochem. J. 33, 457

81. Giust, G. & Galanti, B. (1965) Minerva Med. 56, 4448

82. Conway, E.J. & Cook, R. (1939) Biochem. J. 33, 479

83. Smillie, R.M. (1957) Arch.Biochem. 67, 213

84. Stern, H. & Mirsky, E. (1953) J.Gen.Physiol 37, 177

85. Jordan, W.E., March, R., Hon Chin, O.B. & Popp, E.
    (1959) J.Neurochem. 4, 170

86. Muller, W. - Beissenhirtz & Keller, H. (1966) Dtsch.
    Med.Wochenschr. 91, 159

87. Kumar, K.S., and Krishnan, P.S., (1970) Biochim.
    Biophys. Res. Comm. 39, 1087

88. Sitaramayya, A., and Krishnan, P.S., (1970) Biochim.
    Biophys. Res. Comm. 40, 565

89. Kumar, K.S., & Krishnan, P.S., (1970) Biochim, Biophys.
    Res. Comm. 39, 600

90. Ma, P.F., & Fisher, J.R., (1969) Comp.Biochem.
    Biophysiol. 31, 771

91. Lee, P.C., Fisher, J.B., and Ma, P.F., (1971) Comp.
    Biochem. Physiol. 40, 1071

92. Ressler, N., (1969) Clin.Chim. Acta 24, 247

93. Nishihara, H., Akedo, H., Okada, H., and Hattori, S.
    (1970) Clin.Chim. Acta. 30, 251

94. Spencer, N., Hopkinson, D.A., and Harris, H. (1968)
    Ann. hum. Genet. 32, 9

95. Martin, B., Weyden, V.D., Kelly, W.N. (1976) J.Biol.
    Chem. 251, 5448

96. Peter, E., Daddona and Kelly, W.N. (1977) J.Biol
    Chem. 252, 110

97. Osborne, W.R., and Spencer, N., (1973) Biochem.J.
    133, 117

98. Akedo, H., Nishihar, H., Shinkari, K. Komatsu, K.
    and Ishikaw, S. (1972) Biochim, Biophys.
    Acta 276, 257

99. Akedo, H., Nishihara, H. Shinkari, K.Kamatsu, K.
    and Ishikaw, S. (1976) Anal. Biochem. 1, 177

100. Carawy, W.T. (1966) Clin.Chem. 12, 187

101. Ellis, G. and Goldberg, D.M. (1972) Clin.Chim.
     Acta. 37, 47

102. Quast, N.M., Clayson, K.J. & Strandford, P.E. (1968)
     Amer. J.Med.Techn. 34, 513.

103. Kalckar, H.M. (1947) J.Biol. Chem. 167, 461

104. Giusti, G., Galanti, B., and Macini, A., (1970) Enzy-
malogy 38, 373.

105 Wathers, B.G., Nusse, B.J., Bootsma, J. and Groen, A.
(1972) Clin.Chim.Acta 41, 223

106. Ellis, G., and Goldberg, D.M. (1970) J.Lab. Clin.
Med. 76, 507

107. Fiala, S., and Kasinsky, H.E. (1961) J.Nat.Cancer
Inst. 26, 1059

108. Chanay, A.L. & Marbach, E.P. (1962) Clin.Chem. 8, 130

109. Mandel, E. & Macalincage, E.E. (1970) Amer. J. Gast-
roent. 54, 253

110. Mcleod, S. (1967) Cand.J.Med.Techn. 29, 60

111. Coodley, El. (1968) Amer. J. Gastroent. 50, 55

112. Musser. A.W., Ortigoza C., Vazques M., etal (1966)
Amer. J.Clin.Path. 46, 82.

113. White House, J.L., knight, C.L.Santose and Hue, A.C.
(1964) Clin. Chem. 10, 632

114. Goldberg, D.M. (1965) Brit. Med. J. 1, 353.

115. Galanti, B. & Giusit, G. (1968) Minerva Med. 59, 5867

116. Straub, F.B. and Shephanceck, A.C. (1957) Biochimica. 22, 118

117. Schwartz, M.K., and Bodansky, O., (1959) Proc.Soc. Exp.Biol.Med. 101, 560

118. Kochler, L.H., and Benz, E.J., (1962) Clin.Chem.8, 133

119. Krawezynska, H., Raczynska, J., and Krawaczynski J. (1969) Brit. Med. J. 8, 261.

120. Racznska, J., Jonas, S., and Krawczynski J. (1966) Clin. Chim. Acta 13, 151.

121. Giusti, G. (1970) Arch. Med. Wewn, 44, 524.

122. Galanti, B. & Giusti,G. (1969) Boll.Soc. ital. Biol. Sper. 45, 327

123. Galanti, B. & Giusti, G. (1968) Mal.inf.parass, 20, 982.

124. Giblett, E.R., Anderson, J.E., Cohen F., Pollara B., Men Wissen H.J. (1972) Lancet 2, 1067.

125. Dixon M. (1926) Biochem. J. 20, 703.

126. Dietsch, B.R. Alary, R. Saraye, B. Lavrat, R. Nesmoz, I., & Nyssen, M. (1970) press medical 78, 495.

127. Colowick, S.P. & Kaplan, N.O., (1964) in Methods of Enzymology.vol.II. 4th ed. P.473, Academic press. New York.

128. Bredy, T.G. (1942) Biochem. J. 36, 478.

129. York, J.L. & Le Page, G.A. (1966) Cand. J.Biochem.
44, 331

130. Brady, T.G. & O'Donovan, G.I. (1961) Biochem. J.
80, 17.

131. Brady, T.G. & O'Donovan, G.I. (1965) Comp. Biochem.
physiol. 41, 101.

132. Chilson, O.P., and Fisher, J.R. (1963) Arch.Biochem
Biophys. 102, 77.

133. Fisher, J.R. Ma, P.F. & Chilson, O.P. (1965) Comp.
Biochem. physiol. 16, 199.

134. Clarke, D.A., Davall, J., Phillips, F.S., and Brown,
G.B.(1952) J.Pharmacol.Exp.Therap.106, 291

135. Cory, T.G., and Smhadolink, R.J., (1965) Bio.Chemistry
4, 1733

136. Rock Well, M., and Genre, M.H., (1966) Molec phar-
macol, 2, 574.

137. Walter R.F., Ram.D.S. (1975) Biochim.Biophys.
Acta 377, 166.

138. Bieber, A.L., (1971) Analytical Biochem. 43, 247.

139. Karker, H. (1964) Scand. J.Clin. Lab.Inves. 16, 570.

140. Giust, G. & Gakis (1971) Enzyme 12, 417.

141. Brady, T.G. and Connell, W.O. (1962) Biochim.Biophys.
      Acta 62, 216.

142. Pinkhas, J. Chirst, J, Michel, H. & Caen, J.P.(1970)
      Rev.Eur.Etudes.Clin.Biol. 15, 984.

143. Coddington, A. (1965) Biochim.Biophys.Acta 99, 442.

144. White House, J.L. Santos, C.L. and Knight, E.M. (1964)
      providence Hosp. 1, 23.

145. Krawezynski, J., Roczynska, J. Jones, S. Wencel, J.
      and Ilowiecka, K. (1965)Clin.Chim. Acta. 11, 227.

146. Coodley, E., (1971) Amer J. of Gastremt. 56, 413.

147. Martinck, R.G. (1963) Clin.Chem. 9, 620.

148. Nyssen, M. & Dorche, J. (1968) Clin.Chem. 22, 363.

149. Galanti, B. & Giusiti, G. (1966) Boll.Soc.ital biol.   .
      sper. 42, 1316.

150. Secchi, G.C. Rezzonico, A. & Gerhamsini (1967) Enzymol.
      biol.clin. 8, 67.

151. Goldberg, D.M. (1965) Brit.Med.J. 1, 353.

152. Ginsti, L., Castagnari, C.G. & Galanti, B.G.(1972)
      Mal.inf.parass. 24, 296.

153. Goldberg, D.M., Fletcher, M.J., and Watts, C. (1966) clin.chim. Acta 14, 720.

154. Abodi, V.S. (1976) Msc.Thesis, College of Science, University of Baghdad.

155. Rassam, M.B. (1976) Msc.Thesis, College of Science, University of Baghdad.

156. Na'ash, M.A. (1976) Msc.Thesis, College of Science, University of Baghdad.

157. Al-Saffar, N.R. (1977) Msc.Thesis, College of Science, University of Baghdad.

158. Dixon, M. and Webb, C.E. (1966) in Enzymes P.63, 2nd ed., Longmens, London.

159. Michaelis, L. and Menten, M.L. (1913) Biochem. Z. 49, 333.

160. Shaw, L.M., and Gray, J. (1974) Clin.Chem. 20, 4

161. Lineweaver, H., and Burk, D.(1934) J.Am.Chem.Soc. 56, 658.

162. Eisenthal, B., and Cornish - Bowden, A.(1974), Bio chem. J. 139, 715.

163. Mansoor, C. D, Kalyanker and G. P. Talwar (1963) Biochim. Biophys. Acta. 77, 307.

164. Beantyman, W. (1962) Lancet, 11, 305.

165. Vesell, E. S. (1965) Science 148, 1103.

166. Lubrano, T., Dietz, A. A., and Rubinstein, H. M. (1971) (Clin. Chem. 17, 882.)

167. Cornish- Bowden, A. (1976) In principles of Enzyme Kientics, Ist ed., P. 120, Butter Worth, London.

168. Segel, I. H. (1975) in Enzyme Kinetics, 1st ed., P. 926, John Wiley Sons, New York.

169. Dawes, E. A. (1964) in Comprehensive Biochemistry. (Florkin, M. and Stotz, E. H.) Vol12, P. 104, Elsevier, Amsterdam.

170. Davidson, I., and Henry, J. B. (1974) In Clinical Diagnosis by Laboratory Method, 15th ed., P↓ 837, Sander's Philadelphia.

171. Lanther, A. L. (1975) in Clinical Biochimistry, 7th ed. P. 574, Sannders Philadelphia.

172. Latner, A. L. and Skillen, A. W. (1968) in Isoenzymes in Biology and Medicine, 1st ed., P. 146 Academic Press.